工伤预防知识学习手册丛书

工伤预防:
应急救护知识学习手册

主　编◎王　乾　张培森　佟瑞鹏
副主编◎李佳琦　武　琪

中国劳动社会保障出版社

图书在版编目(**CIP**)数据

工伤预防.应急救护知识学习手册/王乾,张培森,佟瑞鹏主编.--北京:中国劳动社会保障出版社,2025.--(工伤预防知识学习手册丛书).--ISBN 978-7-5167-7086-3

Ⅰ.X928.03-62;R459.7-62

中国国家版本馆 CIP 数据核字第 2025ML5564 号

工伤预防：应急救护知识学习手册
GONGSHANG YUFANG：YINGJI JIUHU ZHISHI XUEXI SHOUCE

中国劳动社会保障出版社出版发行

（北京市惠新东街1号　邮政编码：100029）

*

天津市银博印刷集团有限公司印刷装订　　新华书店经销

880毫米×1230毫米　32开本　3.375印张　73千字

2025年6月第1版　2025年6月第1次印刷

定价：16.00元

营销中心电话：400-606-6496

出版社网址：https://www.class.com.cn

版权专有　　侵权必究

如有印装差错，请与本社联系调换：（010）81211666

我社将与版权执法机关配合，大力打击盗印、销售和使用盗版图书活动，敬请广大读者协助举报，经查实将给予举报者奖励。

举报电话：（010）64954652

"工伤预防知识学习手册丛书"编委会

主　任： 佟瑞鹏
副主任： 张姜博南　李宝昌
委　员： 孙　浩　张渤芩　王露露　王乐瑶　张东许　赵　旭
　　　　　孙宁昊　和杰花　李佳航　胡向阳　王　乾　梁梵洁
　　　　　李　鑫　王楚涵　赵云昊　宋轩宇　王登辉　姚泽旭
　　　　　尹雪晨　郭　钰　孙鹏依　韩吉祥　张晓磊　孟子尧
　　　　　刘贤鹏　柴文浩　李慕晨　未宗帅　毛　颖　王益艳
　　　　　赵晶荣　董国宇　杨昂滨　武　琪　李佳琦　张笑璇
　　　　　连芳菲　王智浩　吴韶辉　李聪聪　李昕阳　张培森
　　　　　张智慧　邓盈祺　郝彬鑫　芦佳乐　尼玛平措
　　　　　皮芙萍

内容简介
INTRODUCTION

工伤预防是预防、补偿、康复"三位一体"工伤保险制度体系的重要组成部分，各级相关管理部门、用人单位以及广大职工应当依法坚持采取一切科技措施落实工伤预防工作，降低工伤事故和职业病的发生率。同时，向广大职工群众宣传工伤事故应急救护知识，有助于在事故现场积极开展伤病员的应急处置与紧急救护，降低工伤事故的致残率、致死率，并为后期的专业医疗救治打下良好的基础。

本书是"工伤预防知识学习手册丛书"之一，全面系统地介绍工伤保险和工伤预防基础知识，以法律法规、国家标准、技术规范以及规章制度为依据，重点介绍现场急救基本知识，以及建筑施工、煤矿、冶金、化工和机械制造等工伤事故高发生率的行业企业中常见意外伤害的应急处置与急救方法等。

本书内容简明实用，典型性、通用性强，文字表述浅显易懂，版式活泼，搭配原创漫画，便于对重要知识的理解与掌握。本书适合在工伤保险集中宣传活动中进行基础知识普及，适合社会保险行政部门和经办机构、各类用人单位开展工伤预防宣传和培训时使用，还可作为广大职工提升工伤预防意识、了解工伤保险与安全生产知识的普及性读物。

目录 CONTENTS

第 1 章 工伤保险和工伤预防 /1
1. 工伤保险的定义与特点 /1
2. 工伤保险的重要意义与原则 /3
3. 我国工伤保险制度发展历程 /5
4. 工伤保险基金与参保缴费 /7
5. 工伤认定 /8
6. 劳动能力鉴定 /12
7. 工伤保险待遇 /13
8. 工伤预防的概念与作用 /15
9. 职工工伤保险和工伤预防的权利和义务 /17
10. 工伤预防管理模式 /19

第 2 章 现场急救基本知识 /21
11. 现场急救的基本原则与流程 /21
12. 现场伤员与急救区域划分 /24
13. 伤员伤情判断 /27
14. 心肺复苏 /30
15. 骨折固定 /33

16. 止血与包扎 /35

17. 伤员搬运 /45

18. 急性中毒急救 /49

19. 化学性烧伤急救 /51

20. 火灾现场急救处置 /54

21. 触电与雷击事故急救 /55

22. 淹溺现场急救 /58

23. 中暑与冻伤急救 /60

24. 车辆伤害急救 /63

第 3 章 建筑施工意外伤害与应急处置 /65

25. 建筑施工工伤事故特点及原因 /65

26. 高处坠落事故应急救护 /67

27. 物体打击事故应急救护 /68

28. 施工机械伤害事故应急救护 /68

29. 施工坍塌事故应急救护 /70

第 4 章 煤矿意外伤害与应急处置 /71

30. 煤矿事故报告注意事项 /71

31. 煤矿瓦斯爆炸事故应急救护 /72

32. 煤矿火灾事故应急救护 /73

33. 煤矿透水事故应急救护 /76

34. 煤矿冒顶事故应急救护 /78

第 5 章 冶金与化工企业意外伤害与应急处置 /81

35. 冶金企业事故特点 /81

36. 冶金企业生产中存在的主要职业病危害 /81

37. 冶金企业煤气事故应急救护 /83

38. 冶金企业高温液体喷溅事故应急救护 /84

39. 冶金企业火灾、爆炸事故应急救护 /85

40. 化工企业事故特点及原因 /87

41. 危险化学品火灾应急救护 /88

第 6 章　机械制造意外伤害与应急处置 /91

42. 机械设备的主要危害与危害因素 /91

43. 金属切削加工常见机械伤害 /93

44. 机械制造业职业病危害防护措施 /94

45. 机械伤害应急救护 /96

46. 起重伤害应急救护 /97

第1章 工伤保险和工伤预防

1. 工伤保险的定义与特点

（1）工伤保险的定义

工伤保险是指国家立法实施的，通过用人单位缴费筹资形成基金，对职工因工作原因遭受事故伤害或者患职业病的，给予职工及其近亲属相应待遇的一项社会保险制度。

（2）工伤保险的特点

工伤保险具有四个基本特点：一是强制性，工伤保险是国家通过立法强制实施的，在立法规定的范围内，用人单位必须参加工伤保险，为职工缴纳工伤保险费；二是非营利性，国家实行工伤保险制度的目的是保障职工获得医疗救治和经济补偿，促进工伤预防和职业康复，分散用人单位的工伤风险，工伤保险有关的服务不以营利为目的；三是保障性，工伤保险为工伤职工及其近亲属提供基本生活保障和医疗康复待遇；四是互助互济性，通过法定程序筹集工伤保险基金，实现不同群体、地域和行业间的风险共担和基本调剂。

法律提示

《工伤保险条例》于 2003 年 4 月 27 日经中华人民共和国国务院令第 375 号颁布，根据 2010 年 12 月 20 日《国务院关于修改〈工伤保险条例〉的决定》修订，自 2004 年 1 月 1 日起施行。

现行《工伤保险条例》共 8 章 67 条，基本结构：第一章总则，第二章工伤保险基金，第三章工伤认定，第四章劳动能力鉴定，第五章工伤保险待遇，第六章监督管理，第七章法律责任，第八章附则。

2. 工伤保险的重要意义与原则

（1）工伤保险的重要意义

《工伤保险条例》的立法宗旨：保障因工作遭受事故伤害或者患职业病的职工获得医疗救治和经济补偿，促进工伤预防和职业康复，分散用人单位的工伤风险。这体现了国家设立工伤保险制度的重要意义。

（2）工伤保险的原则

1）强制性原则。工伤会给职工带来痛苦，给家庭带来不幸，也于用人单位乃至国家不利，因此国家通过立法强制实施工伤保险制度，规定属于覆盖范围的用人单位必须依法参加工伤保险并履行缴费义务。

2）无过错补偿原则。工伤事故发生后，不管过错在谁，工伤职工均可获得补偿，以保障其及时获得医疗救治和经济补偿。但这并不妨碍有关部门对事故责任人的追究，以防止此类似事故重复发生。

3）职工个人不缴费原则。这是工伤保险与基本养老保险、基本医疗保险、失业保险等社会保险项目的区别之处。事故伤害或职业病是在工作过程中造成的，劳动力是生产的重要因素，职工为用人单位创造财富的同时付出了代价，理应由用人单位负担全部工伤保险费，职工个人不缴纳任何费用。

4）风险分担、互助互济原则。通过法律强制征收工伤保险费，建立工伤保险基金，采取互助互济的方法，分散风险，减轻部分行业、企业因工伤事故或职业病所产生的负担。

5）实行行业差别费率和浮动费率原则。为强化不同工伤风险类别行业相对应的雇主责任，充分发挥缴费费率的经济杠杆作用，促进工伤预防，减少工伤事故，工伤保险实行行业差别费率，并根据用人单位工伤保险费使用和工伤发生率等因素实行浮动费率。

6）预防与补偿、康复相结合原则。工伤预防与工伤补偿、工伤康复密切相关，共同构成工伤保险制度的三个支柱。工伤预防是工伤保险制度的重要内容，工伤保险制度致力于采取各种措施，减少和预防事故发生。工伤事故发生后，及时对工伤职工予以医治并给予经济补偿，使工伤职工本人及其家庭的生活得到一定的保障，是工伤保险制度的基本功能。同时，要及时对工伤职工进行医学康复和职业康复，使其恢复或部分恢复劳动能力，具备从事某种职业的能力，这可以减少人力资源和社会资源的浪费。

7）一次性补偿与长期补偿相结合原则。对工伤职工或工亡职工的近亲属，工伤保险待遇实行一次性补偿与长期补偿相结合的办法。如对一级至四级伤残的职工，在依法支付一次性伤残补助金的同时，还按月支付伤残津贴。这种一次性补偿与长期补偿相结合的办法，可以长期、有效地保障工伤职工及工亡职工近亲属的基本生活。

Tips 相关链接

根据《工伤保险条例》第二条的规定，中华人民共和国境内的企业、事业单位、社会团体、民办非企业单位、基金会、律师事务所、会计师事务所等组织和有雇工的个体工商户（以下称用人单位）应当依照规定参加工伤保险，为本单位全部职工或者雇工（以下称职工）缴纳工伤保险费。中华人民共和国境内的企业、事业单位、社会团体、民办非企业单位、基金会、律师事务所、会计师事务所等组织的职工和个体工商户的雇工，均有依照规定享受工伤保险待遇的权利。

3. 我国工伤保险制度发展历程

（1）计划经济时期工伤补偿制度的建立和实施

1951年，中央人民政府政务院颁布了《中华人民共和国劳动保险条例》，这是我国第一部包括养老待遇、因工负伤待遇等保险项目的全国性统一法规，也是社会保障制度在我国实施的起点。该条例对劳动保险的实施范围，保险费的征集、管理和支付，保险的项目和标准，以及保险业务的执行和监督都作出了明确规定。

劳动保险制度中的因工负伤待遇制度，结束了我国缺乏完整统一的工伤保障制度的历史，通过实行部分基金统筹的方式，为计划经济时期大规模的建设提供了工伤保障制度，保障了这一时期工伤职工及其家属的基本生活,具有分散工伤风险、促进经济建设的积极意义。

(2)改革开放时期工伤保险制度的改革探索和实践

我国工伤保险制度改革始于20世纪80年代。1988年,劳动部主持制定了社会保险制度改革方案,选择了社会保险作为我国工伤保险的制度模式,初步形成了工伤保险制度改革框架,提出了工伤保险制度改革的主要内容。

在总结工伤保险改革试点多年经验和借鉴国外成熟做法的基础上,1996年8月12日,劳动部颁布了《企业职工工伤保险试行办法》,对工伤保险制度作了统一规定,对沿用至20世纪90年代初的企业自我保险的工伤保障制度进行了根本性改革。1996年3月,国家技术监督局发布了《职工工伤与职业病致残程度鉴定》(GB/T 16180—1996)。

(3)适应市场经济体制的工伤保险制度形成

2003年,国务院颁布《工伤保险条例》,标志着适应我国社会主义市场经济体制的工伤保险制度正式形成。

《工伤保险条例》的颁布，在我国工伤保险制度建设进程中具有里程碑意义，标志着我国的工伤保险制度步入了法治化轨道，也预示着我国的工伤保险制度改革进入一个崭新的发展阶段。同时，《工伤保险条例》的出台，使工伤保险成为我国社会保障体系的重要组成部分，对于进一步完善我国的社会保障体系，维护我国经济和社会的健康稳定发展，以及加快推进我国社会保障法治化建设，无疑起到了重要的推动作用。

4. 工伤保险基金与参保缴费

（1）工伤保险基金

稳定充足的工伤保险基金是工伤保险制度顺利实施的保障。《社会保险术语 第5部分：工伤保险》（GB/T 31596.5—2015）中工伤保险基金的定义：按照法律规定，由用人单位缴纳的工伤保险费及其利息收入，以及其他依法纳入的资金汇集而成的，用于支付工伤保险待遇及其他相关支出的专项资金。

（2）工伤保险参保缴费

职工在为用人单位创造财富、为社会作出贡献的同时，面临着安全和健康风险。因此，由用人单位缴纳工伤保险费是完全必要和合理的。

根据《工伤保险条例》第十条的规定，用人单位应当按时缴纳工伤保险费。职工个人不缴纳工伤保险费。用人单位缴纳工伤保险费的数额为本单位职工工资总额与单位缴费费率之积。对难以按照工资总额缴纳工伤保险费的行业，其缴纳工伤保险费的具体方式，由国务院社会保险行政部门规定。

相关链接

目前，世界各国实行的工伤保险大体分为两种类型，即社会保险类型和雇主责任类型。

实行社会保险类型的国家约占实行工伤保险制度国家的2/3。工伤保险基金可以是一般社会保险基金的组成部分，也可以是单独的。在这些国家中，凡参加工伤保险的雇主，都必须向社会保险机构缴纳工伤保险费。

实行雇主责任类型的国家占少数，体现为雇主责任制。雇主责任制有两种方式：一是工伤职工或其亲属直接向雇主索赔；二是雇主为其雇员的工伤风险购买商业保险。雇主责任制下，由雇主承担缴费甚至赔偿责任，职工个人不缴费。

5. 工伤认定

（1）各类工伤认定的情形

《工伤保险条例》第十四条至第十六条分别对应当认定为工伤的情形、视同工伤的情形、不得认定为工伤或者视同工伤的情形作出了明确规定。

1）职工有下列情形之一的，应当认定为工伤：

①在工作时间和工作场所内，因工作原因受到事故伤害的；

②工作时间前后在工作场所内，从事与工作有关的预备性或者收尾性工作受到事故伤害的；

③在工作时间和工作场所内,因履行工作职责受到暴力等意外伤害的;

④患职业病的;

⑤因工外出期间,由于工作原因受到伤害或者发生事故下落不明的;

⑥在上下班途中,受到非本人主要责任的交通事故或者城市轨道交通、客运轮渡、火车事故伤害的;

⑦法律、行政法规规定应当认定为工伤的其他情形。

2)职工有下列情形之一的,视同工伤:

①在工作时间和工作岗位,突发疾病死亡或者在48 h之内经抢救无效死亡的;

②在抢险救灾等维护国家利益、公共利益活动中受到伤害的;

③职工原在军队服役,因战、因公负伤致残,已取得革命伤残军人证,到用人单位后旧伤复发的。

职工有前款第①项、第②项情形的,按照《工伤保险条例》的有关规定享受工伤保险待遇;职工有前款第③项情形的,按照《工伤保险条例》的有关规定享受除一次性伤残补助金以外的工伤保险待遇。

3)职工符合前述规定,但是有下列情形之一的,不得认定为工伤或者视同工伤:

①故意犯罪的;

②醉酒或者吸毒的;

③自残或者自杀的。

(2)工伤认定的主要流程

工伤认定的流程可以总结为发生工伤、提出工伤认定申请、备齐申请材料、社会保险行政部门受理、作出工伤认定5个环节，具体如下：

1）发生工伤。职工发生事故伤害或者被诊断、鉴定为职业病。

2）提出工伤认定申请。职工所在单位应当自职工事故伤害发生之日或者职工被诊断、鉴定为职业病之日起30日内，向统筹地区社会保险行政部门提出工伤认定申请。

用人单位未按规定提出工伤认定申请的，工伤职工或者其近亲属、工会组织在事故伤害发生之日或者被诊断、鉴定为职业病之日起1年内，可以直接向用人单位所在地统筹地区社会保险行政部门提出工伤认定申请。

3）备齐申请材料。提出工伤认定申请应当提交下列材料：

①工伤认定申请表；

②与用人单位存在劳动关系（包括事实劳动关系）的证明材料；

③医疗诊断证明或者职业病诊断证明书（或者职业病诊断鉴定书）。

工伤认定申请表应当包括事故发生的时间、地点、原因以及职工伤害程度等基本情况。

4）社会保险行政部门受理。申请材料完整，属于社会保险行政部门管辖范围且在受理时效内的，社会保险行政部门应当受理。申请材料不完整的，社会保险行政部门应当一次性书面告知工伤认定申请人需要补正的全部材料。

5）作出工伤认定。社会保险行政部门应当自受理工伤认定申请之日起60日内作出工伤认定的决定，并书面通知申请工伤认定的职工或者其近亲属和该职工所在单位。

第1章 工伤保险和工伤预防

> **案例解读**

田某在某市铸造厂从事铸造工作。某日,车间主任派他到该厂另一车间拿工具。在返回工作岗位途中,田某被该厂建筑工地坠落的砖块砸伤头部,后被诊断为脑裂伤。出院后,田某向单位申请工伤保险待遇,但是单位认为他不是在本职岗位受伤,不能享受工伤保险待遇。田某遂向当地社会保险行政部门提出工伤认定申请。

当地社会保险行政部门经调查后认为:虽然田某的致伤地点不是本职岗位,但他是受领导(车间主任)指派离开本职岗位到另一车间拿工具的,故其受伤地点应属于工作场所。这一事故具有一般工伤事故应具备的"三工"要素,即在工作时间、工作地点、因工作原因而受伤。因此,当地社会保险行政部门认定田某为工伤,并依法要求单位按规定给予田某相应的工伤保险待遇。

6. 劳动能力鉴定

（1）劳动能力鉴定申请条件

工伤职工申请进行劳动能力鉴定应符合以下条件：一是经过治疗后，伤情处于相对稳定状态，这样便于劳动能力鉴定委员会聘请的医疗卫生专家对伤情进行鉴定；二是职工经治疗后，确认是工伤原因造成身体上的残疾；三是工伤职工的残疾对以后的工作、生活将产生直接影响，并且伤残程度已经影响职工本人的劳动能力。在这种情况下，工伤职工应当进行劳动能力鉴定。

（2）劳动能力鉴定主体

工伤职工（或者其近亲属）或者其用人单位应当及时向设区的市级劳动能力鉴定委员会提出劳动能力鉴定申请。

（3）劳动能力鉴定流程

申请劳动能力鉴定的主要流程可以总结为以下5个环节：

1）职工伤情基本稳定，进行劳动能力鉴定。职工发生工伤，经治疗伤情相对稳定后存在残疾、影响劳动能力的，或者停工留薪期满（含劳动能力鉴定委员会确认的延长期限）的，应依法进行劳动能力鉴定。劳动功能障碍分为10个伤残等级，最重的为一级，最轻的为十级。生活自理障碍分为3个等级，即生活完全不能自理、生活大部分不能自理和生活部分不能自理。

2）备齐材料，提出申请。申请劳动能力鉴定应当填写劳动能力鉴定申请表，并提交材料：有效的诊断证明，按照医疗机构病历管理有关规定复印或者复制的检查、检验报告等完整病历材料；工伤职工的居民身份证或者社会保障卡等其他有效身份证明原件。

3）接受申请，作出鉴定结论。劳动能力鉴定委员会应当自收到材料完整的劳动能力鉴定申请之日起 60 日内作出劳动能力鉴定结论。必要时，该期限可以延长 30 日。劳动能力鉴定结论应当及时送达申请鉴定的单位和个人。

4）对鉴定结论不服的，可申请再次鉴定。申请鉴定的单位或个人对初次鉴定结论不服的，可以在收到鉴定结论之日起 15 日内，向省、自治区、直辖市劳动能力鉴定委员会申请再次鉴定。省、自治区、直辖市劳动能力鉴定委员会作出的劳动能力鉴定结论为最终结论。

5）若伤残情况发生变化，可申请工伤职工复查鉴定。自工伤职工劳动能力鉴定结论作出之日起 1 年后，工伤职工（或者其近亲属）、用人单位或者社会保险经办机构认为伤残情况发生变化的，可以向设区的市级劳动能力鉴定委员会申请劳动能力复查鉴定。对复查鉴定结论不服的，可以按照上述规定申请再次鉴定。

7. 工伤保险待遇

（1）工伤保险待遇享受条件

《中华人民共和国社会保险法》第三十六条规定：职工因工作原因受到事故伤害或者患职业病，且经工伤认定的，享受工伤保险待遇；其中，经劳动能力鉴定丧失劳动能力的，享受伤残待遇。

（2）工伤保险待遇主要类型

《工伤保险条例》规定的工伤保险待遇主要有以下 4 种类型：

1）工伤医疗及康复待遇。工伤医疗及康复待遇包括工伤医疗及相关补助待遇、工伤康复待遇、辅助器具的安装配置待遇等。

2）停工留薪期待遇。职工因工作遭受事故伤害或者患职业病需要暂停工作接受工伤医疗的，在停工留薪期内，原工资福利待遇不变，由所在单位按月支付。停工留薪期一般不超过12个月。伤情严重或者情况特殊，经设区的市级劳动能力鉴定委员会确认，可以适当延长，但延长不得超过12个月。生活不能自理的工伤职工在停工留薪期需要护理的，由所在单位负责。

3）伤残待遇。根据工伤发生后劳动能力鉴定确定的劳动功能障碍程度和生活自理障碍程度的不同，工伤职工可享受相应的一次性伤残补助金、伤残津贴、一次性工伤医疗补助金、一次性伤残就业补助金及生活护理费等。

4）工亡待遇。职工因工死亡，其近亲属按照规定从工伤保险基金领取丧葬补助金、供养亲属抚恤金和一次性工亡补助金。

（3）停止享受工伤保险待遇的情形

1）丧失享受待遇条件的。如果工伤职工在享受工伤保险待遇期间情况发生了变化，不再具备享受工伤保险待遇的条件，如劳动能力得以完全恢复而无须工伤保险制度提供保障时，应当停发工伤保险待遇。

2）拒不接受劳动能力鉴定的。如果工伤职工没有正当理由拒不接受劳动能力鉴定，一方面工伤保险待遇无法确定，另一方面也表明工伤职工并不愿意接受工伤保险制度提供的帮助，故不应当再享受工伤保险待遇。

3）拒绝治疗的。职工遭受事故伤害或患职业病后，有享受工伤医疗待遇的权利，也有积极配合医疗救治的义务。如果工伤职工无正当理由拒绝治疗，一味消极地依靠社会救助，则有悖于这一义务，不得再继续享受工伤保险待遇。

8. 工伤预防的概念与作用

（1）工伤预防的概念

工伤预防是指为降低工伤风险所采取的宣传和培训等手段和措施。其中，工伤风险是指在工作过程中工伤发生概率和造成危害的程度。

工伤预防的目的是从源头上减少事故伤害和职业病的发生。因此，在工伤保险工作中，应将工伤预防放在首位。

（2）工伤预防的地位和作用

工伤预防是预防、补偿、康复"三位一体"工伤保险制度体系的重要内容。《工伤保险条例》把工伤预防定为工伤保险三大任务之一，从而逐步改变了过去重补偿、轻预防的模式。保障职工的生命安全和身体健康是用人单位的职责，用人单位和职工要共同做好工伤预防工作，坚持"安全第一、预防为主、综合治理"的安全生产工作方针。

工伤预防的作用主要表现在以下两方面：

1）工伤预防可以从源头上降低事故伤害和职业病的发生概率，保障职工的安全和健康。预防的要义在于"事先防范"，防未发生的事故，防"未病之病"，防患于未然。用人单位要进行生产活动，就存在发生伤亡事故和职业病的可能。有关研究表明，80%以上的事故伤害是可以通过安全生产管理与技术等手段避免的，说明了工伤预防工作的迫切性和重要性。

2）工伤预防工作从根本上有利于用人单位发展，促进社会和谐稳定。随着工伤保险制度的不断完善，工伤预防工作将得到逐步加强。一方面，开展工伤预防可以提升用人单位安全生产管理水平，消除事故隐患，从而降低事故发生率。这既能有效保护职工的生命安全与身体健康，也能降低事故给用人单位带来的经济损失，确保生产经营活动顺利进行，进而推动用人单位良性发展，为经济社会的进步贡献力量。另一方面，工伤事故的减少，将大幅度降低由此引发的劳资争议，有利于建立和谐的劳动关系，进而促进社会和谐稳定。

 相关链接

> 在我国，工伤预防与安全生产关系密切，存在互相促进的辩证关系。工伤预防在促进安全生产、保护职工的安全和健康方面有着十分重要的意义和作用；反过来，安全生产对工伤预防也有着十分重要的促进作用。

9. 职工工伤保险和工伤预防的权利和义务

（1）职工工伤保险和工伤预防的权利

1）职工有权获得劳动安全卫生教育和培训，了解所从事的工作可能对身体健康造成的危害和可能发生的安全事故。

2）职工有权获得保障自身安全、健康的劳动条件和劳动防护用品。

3）职工有权对用人单位管理人员违章指挥、强令冒险作业予以拒绝。

4）职工有权对危害生命安全和身体健康的行为提出批评、检举和控告。

5）职工从事接触职业病危害作业的，有权获得定期的职业健康检查。

6）职工发生工伤时，有权得到抢救治疗。

7）职工发生工伤后，有权申请工伤认定和享受工伤保险待遇。

8）职工有权申请劳动能力鉴定和再次鉴定，认为伤残情况发生变化的，有权申请工伤职工复查鉴定。

9）职工因工致残尚有工作能力的，有权在就业方面得到特殊保护，得到职业康复培训和再就业帮助。依照法律规定，对因工致残的职工，用人单位不得解除劳动合同，并应根据不同情况安排适当工作。

10）职工与用人单位发生工伤保险待遇方面争议的，有权按照处理劳动争议的有关规定处理；对工伤认定结论不服或对社会保险经办机构核定的工伤保险待遇持有异议的，可以依法申请行政复议，也可以依法向人民法院提起行政诉讼。

（2）职工工伤保险和工伤预防的义务

权利与义务是对等的，有相应的权利，就有相应的义务。职工工伤保险和工伤预防方面的义务主要体现在以下4个方面：

1）职工有义务遵守劳动纪律和用人单位的规章制度，做好本职工作和被临时指派的工作，服从本单位负责人的工作安排和指挥。

2）职工在劳动过程中必须严格遵守安全操作规程，正确使用劳动防护用品，依法接受劳动安全卫生教育和培训，配合用人单位积极预防事故伤害和职业病的发生。

3）职工申请工伤认定、劳动能力鉴定时，有义务如实反映发生的事故伤害和职业病的有关情况；当有关部门调查取证时，应当予以配合。

4）除紧急情况外，工伤职工应当到签订工伤保险服务协议的医疗机构进行治疗。对于治疗、劳动能力鉴定、工伤康复，要接受有关机构的安排，并予以配合。

10. 工伤预防管理模式

我国的工伤预防管理模式主要有以下3个方面：

（1）扩大工伤保险覆盖面

工伤保险作为一种"保险"，大数法则是其十分重要的原则，即参加保险者必须是较大的人群，才能共同应对风险，较好地开展工伤预防等工作。

（2）费率机制预防措施

费率机制预防措施是指在筹集工伤保险基金的过程中，采取工伤保险行业差别费率和浮动费率机制，根据用人单位的工伤风险和工伤事故发生情况，调整用人单位的缴费费率，即对安全生产状况差、使用工伤保险基金多的用人单位提高缴费比例，对安全生产情况好、使用工伤保险基金少的用人单位降低缴费比例。这实质上是对两种不同情况的用人单位采取不同的奖惩措施，可以引导用人单位做好工伤预防，利用经济杠杆作用激励和督促用人单位加强安全生产管理和工伤预防工作。

（3）其他综合性预防措施

其他综合性预防措施主要指从工伤保险基金中提取一定比例的工伤预防费，做好工伤预防宣传与培训工作，提高用人单位和职工的工伤预防意识和能力，减少事故伤害和职业病的发生。

第2章 现场急救基本知识

11. 现场急救的基本原则与流程

现场急救的总任务是采取及时、有效的急救措施和技术,最大限度地减轻伤员的痛苦,降低致残率和死亡率,为医院抢救打好基础。

(1)现场急救的基本原则

1)先复苏后固定原则。遇有呼吸、心搏骤停又有骨折者,应先实施心肺复苏,直至呼吸、心搏恢复后,再进行骨折固定处理。

2)先止血后包扎原则。遇有大出血又有创伤者,应先用止血带或药物等止血,然后消毒,再对伤口进行包扎。

3)先重后轻原则。同时遇有危重伤员和伤势较轻的伤员时,应优先抢救危重伤员,后抢救伤势较轻的伤员。

4)先急救后运送原则。发现伤员时,应先急救后运送。在送伤员到医院途中,不要停止抢救,应继续观察伤病情况,减少颠簸,注意保暖。

5)急救与呼救并重原则。当遇有成批伤员时,现场参与急救的人员应分工合作,急救和呼救可同时进行,以较快地争取到急救外援。

(2)现场急救的流程

当各种意外事故发生后,参与现场急救的人员要沉着、冷静,切忌惊慌失措,时间就是生命。

事故现场急救应按照紧急呼救、判断伤情和救护三大步骤进行。

1)紧急呼救。事故发生后,应对伤员进行急救,同时立即向急救机构求救,常用的急救电话为"120"。急救机构接到紧急呼救电话后,应立即派出专业救护人员、救护车到场抢救。

紧急呼救主要有以下三方面：

①救护启动。救护启动也称为呼救系统开始。有效的呼救系统对保证危重伤员获得及时救治至关重要。当发现伤员时，应用无线电和电话呼救。

②电话呼救须知。电话中应简要说明以下几点：报告人的电话号码与姓名，伤员姓名、性别、年龄和联系电话；伤员所在的确切地点，尽可能指出附近街道的交会处或其他显著标志；伤员目前最危重的情况，如昏迷、呼吸困难、大出血等；说明事故的性质、严重程度、伤员的人数；现场所采取的急救措施等。

注意，要等对方先挂断电话，不要自己挂断电话。

③单人及多人呼救。如果有多名救护人员在现场，可留一名救护人员在伤员身边开展急救，其他人通知急救机构。如果发生意外伤害事故，要分配好救护人员各自的工作，分秒必争，有序地实施伤员的寻找、脱险、急救工作。

在伤员心搏骤停的情况下，为挽救生命，抓住"救援的黄金时间"，应由一名救护人员立即进行心肺复苏，其他救护人员迅速拨打急救电话。现场只有一名救护人员时，则在进行 1~2 min 心肺复苏后，在抢救间隙拨打电话。

2）判断伤情。在现场巡视后对伤员进行评估，尤其是当现场情况复杂时，救护人员应检查伤员的意识、呼吸、循环体征等情况，再立即处理威胁其生命的情况。

3）救护。事故现场一般很混乱，救护人员应快速组成临时现场救护小组，统一指挥，加强事故现场一线救护，这是保证伤员抢救成功的关键措施之一。

事故发生后,尽可能缩短伤员伤后至抢救的时间是做好事故现场急救的关键。救护人员要善于应用现有的先进科技手段进行现场急救,坚持"立体救护、快速反应"的救护原则,提高现场急救的成功率。

立体救护即利用先进的救援设备和技术,如生命探测仪、搜索救援犬、空中救援等,以及救援志愿者和专业救援队伍协同作战,确保在事故现场能够全方位、多角度地进行现场急救。

快速反应即在事故发生后,迅速启动应急预案,尽快调集相关的救援资源和力量到达现场。

12. 现场伤员与急救区域划分

(1)现场伤员的划分

1)现场伤员分类的要求如下:

①分类工作是在特殊和紧急情况下与抢救工作同时进行的;

②分类工作应由经过训练、经验丰富、有组织能力的技术人员承担;

③分类工作应依先危后重、先轻后小(伤势小)的原则进行;

④分类工作应快速、准确、无误。

2)现场伤员分类的目的之一是确定优先急救对象,这主要根据伤情来判定。

①呼吸是否停止通过看、听、感来判定。

看:观察伤员胸廓的起伏,或将棉絮/羽毛贴在伤员的鼻翼上,观察有无摆动。如果伤员胸廓随吸气上抬、呼气下降,或棉絮/羽毛有摆动,即表示呼吸未停止。

听:侧头将耳贴近伤员的口鼻部,听有无气体交换的声音。

感:在听的同时,用面颊感觉伤员鼻部有无气流呼出。若存在微弱气流,说明伤员尚有呼吸。

②脉搏是否停止通过触、看、量来检查。

触:触桡动脉、颈动脉搏动强弱与频率。

看:看头部、胸腹部、脊柱、四肢有无损伤、大出血、骨折等。

量:量收缩压是否小于 12 kPa(90 mmHg)。

现场救护人员应通过 1~2 min 完成对伤员伤情的判断。

3)现场伤员的分类级别如下:

①第Ⅰ类伤员:立即处理(红色标识)。这类伤员伤情最紧急,通常受到致命伤害,如果不立即接受治疗,其生命将受到严重威胁。心搏骤停、严重失血、上呼吸道梗阻等情况属于这一范畴。对于这类

伤员，救护人员必须立即采取行动，如进行心肺复苏、止血、保持呼吸道通畅等，同时尽快将伤员转运至医疗机构进一步救治。

②第Ⅱ类伤员：延迟处理（黄色标识）。这类伤员虽然受到严重伤害，但可预见不会立即危及生命。骨折、烧伤、中度失血等情况属于这一范畴。对于这类伤员，救护人员可以在确保其基本生命体征稳定的前提下，在完成对危重伤员的处置后，再对其进行针对性救治。然而，这并不意味着可以忽视他们的伤情，救护人员应持续监测其状况，确保伤情不会恶化。

③第Ⅲ类伤员：轻伤（绿色标识）。这类伤员受伤轻微，可预见不会危及生命。轻微的擦伤、扭伤等属于这一范畴。对于这类伤员，救护人员可以进行简单的初步处理，如清洁伤口、冷敷等，并安抚其情绪。在条件允许的情况下，可以将其转运至医疗机构进一步观察和治疗，但通常不需要立即救治。

④第0类伤员：死亡/无优先级（黑色标识）。这类伤员通常指已死亡或现有能力已无法救治的伤员。救护人员应确认伤员已无生命体征或救治无望，并通知相关部门进行后续处理。

（2）急救区域的划分

1）通常，急救区域可划分为4类，以对不同伤情的伤员进行施救。

①第Ⅰ急救区（红色）：该急救区对应第Ⅰ类伤员，即伤情严重、危及生命者。

②第Ⅱ急救区（黄色）：该急救区对应第Ⅱ类伤员，即伤情严重但即刻不危及生命者。

③第Ⅲ急救区（绿色）：该急救区对应第Ⅲ类伤员，即受伤较

轻者。

④第Ⅳ急救区（黑色）：该急救区对应第0类伤员，即需要后运者。

不同急救区的伤员，胸前应分别对应悬挂红色、黄色、绿色、黑色的伤情识别卡。伤情识别卡统一印制，背面有扼要的伤情说明，随伤员携带。如没有现成的伤情识别卡，可临时用硬纸片自制。

2）现场有大批伤员时，应将现场划分为4个区，以便有条不紊地进行急救。

①收容区：伤员集中区，在此区挂上分类标签，并进行必要的抢救工作。

②急救区：用以接收第Ⅰ类、第Ⅱ类和第Ⅲ类伤员，在此做进一步的抢救工作，如对休克、呼吸与心搏骤停者进行心肺复苏。

③后运区：用以接收能自己行走或伤势较轻的伤员。

④太平区：停放已死亡者。

13. 伤员伤情判断

伤员的意识、气道、呼吸、循环体征、瞳孔反应是判断伤势轻重的重要标志。

（1）意识

先判断伤员神志是否清醒。在呼唤、轻拍、推动伤员时，如果伤员有睁眼或肢体运动等其他反应，表明伤员有意识；如果伤员对上述刺激无反应，则表明意识丧失，已陷入危重状态。

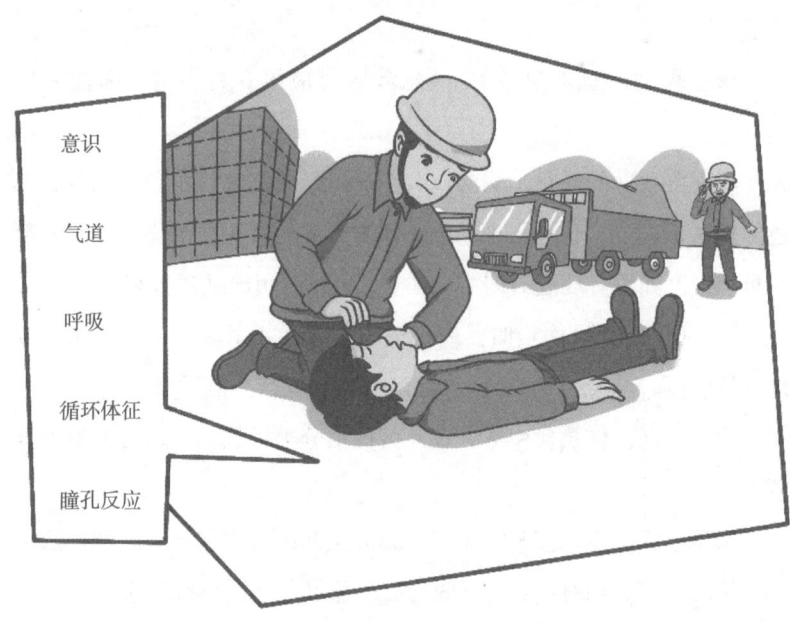

（2）气道

呼吸的必要条件是保持气道畅通。若伤员无法说话、无法咳嗽或呼吸困难，则可能存在气道梗阻，救护人员必须立即检查气道。可使伤员处于侧卧位，清除其口腔异物等。

（3）呼吸

成人静息状态下的呼吸频率为16~20次/min。危重伤员的呼吸可呈现不同特征，如早期可能出现代偿性呼吸增快、呼吸浅快，最终呼吸频率逐渐减慢直至完全停止。在气道畅通后，应对无反应的伤员进行呼吸检查，如伤员呼吸停止，则应立即施行人工呼吸。

（4）循环体征

在检查伤员意识、气道和呼吸之后，应对伤员的循环体征进行检查。

成人静息状态下正常心率为 60~100 次 /min。呼吸骤停后，4~6 min 继发心搏骤停；心搏骤停后，20~30 s 出现呼吸停止。心搏、呼吸几乎同时停止也是常见的。

救护人员可检查伤员桡动脉、颈动脉处的搏动。

心律失常以及严重的创伤、失血等危及生命时，心率或加快超过 100 次 /min，或减慢至 40~50 次 /min，或忽快忽慢，这些情况都应引起重视。若伤员面色苍白、发绀、皮肤发冷等，则表明皮肤微循环和氧代谢情况不佳。

（5）瞳孔反应

眼睛的瞳孔又称"瞳仁"，位于黑眼球中央。正常人在自然情况下双侧瞳孔等大等圆，对光反应灵敏（光线刺激后瞳孔在 1 s 内迅速收缩）。部分危重伤员可能出现瞳孔不等大、单侧瞳孔散大、双侧瞳孔针尖样缩小，以及用手电筒光源突然照射伤员瞳孔时，瞳孔不收缩或收缩迟钝。

完成现场伤情评估后，再对伤员的头部、颈部、胸部、腹部、盆腔和脊柱、四肢进行检查，看有无开放性损伤、骨折、触痛、肿胀等体征，对伤员的伤情进行进一步的判断。

还要注意伤员的总体情况，淡漠不语、冒冷汗、口渴、呼吸急促、肢体不能活动等为伤情危重的表现；对外伤伤员应观察其神志不清程度，呼吸、脉搏的频率和强弱；注意检查有无活动性出血，如有，应立即止血；严重的胸腹部损伤容易引起休克、昏迷甚至死亡。

14. 心肺复苏

心肺复苏即 CPR（cardiopulmonary resuscitation），是对呼吸、心搏骤停的危重伤员所采取的关键抢救措施。

（1）紧急心肺复苏步骤

实施心肺复苏时，首先应检查伤员呼吸、心搏，一旦判定呼吸、心搏停止，立即采取以下 3 个步骤进行心肺复苏。

1）胸外心脏按压。具体方法如下：

①解开伤员衣服，将一只手的掌根紧贴于伤员胸部正中、两乳头连线中点（胸骨下半部）；

②双手十指相扣，掌根重叠，掌心翘起；

③双上肢伸直，上半身前倾，以髋关节为轴，用上半身的力量垂直向下按压，确保按压深度为 5~6 cm，按压频率为 100~120 次 /min，保证每次按压后胸廓完全恢复原状；

④如此连续按压 30 次。

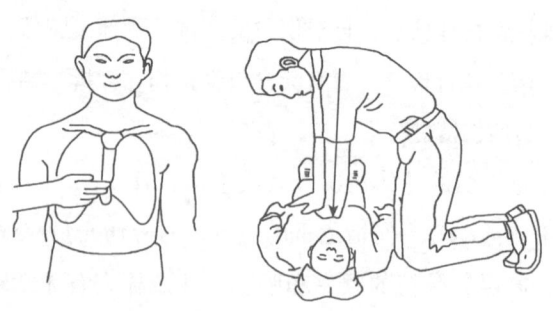

2）开放气道。用最短的时间，将伤员领带、围巾等解开，戴上手套，迅速清除伤员口鼻内的污泥、土块、痰、呕吐物等异物，以利

于呼吸道畅通,再将气道打开。

①仰头举颏法。救护人员一只手掌根置于伤员的前额处,稍加用力使伤员头部后仰,另一只手的食指与中指并拢置于伤员下颌骨处,向上抬起下颏。救护人员手指不要深压颏下软组织,以免阻塞气道。此法应用广泛,但不适用于有可疑颈椎骨折的伤员。

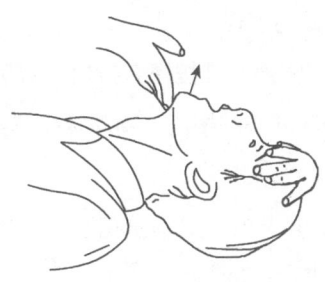

②双手抬颌法。救护人员位于伤员头侧,双手掌固定伤员头部,双手拇指放置在伤员面颊部位,其余四指提拉伤员两侧下颌角,使下颌上提,而颈椎保持静止。此法适用于有可疑颈椎骨折的伤员。

3)口对口人工呼吸。具体方法如下:

①救护人员用一只手的拇指和食指捏住伤员的鼻孔,另一只手托住伤员的下颏,使伤员的口张开;

②救护人员做深呼吸,用口紧贴并包住伤员口部吹气;

③看伤员胸部,胸部起伏方为有效;

④脱离伤员口部,放松捏鼻孔的拇指和食指,看胸廓复原情况;

⑤感觉伤员口鼻部是否有气呼出;

⑥连续吹气2次,使伤员肺部充分换气。

每做30次胸外心脏按压,进行2次人工呼吸。

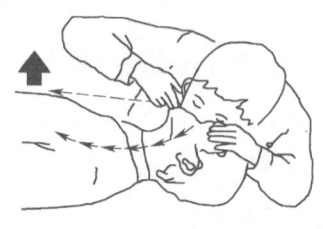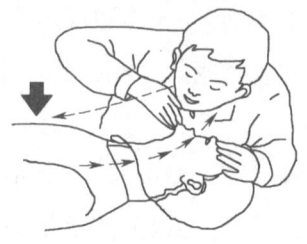

（2）心肺复苏有效的表现

1）颈动脉搏动。胸外心脏按压有效时，可随每次按压触及一次颈动脉搏动。若停止胸外心脏按压，颈动脉仍然搏动，说明伤员已恢复自主心搏。

2）面色转红润。复苏有效时伤员面色、口唇颜色由苍白或发绀好转或变红润。

3）意识逐渐恢复。复苏有效时，伤员昏迷变浅，眼球活动，疼痛刺激引发防御反射，甚至手足开始活动。

4）出现自主呼吸。应注意观察，有时很微弱的自主呼吸不足以满足供氧需要，如果不继续进行人工呼吸，则很快又停止呼吸。

5）瞳孔变小。复苏有效时，扩大的瞳孔变小，并出现对光反射。

相关链接

心肺复苏的注意事项

（1）心肺复苏方法与自动体外除颤器（AED）同时使用时，复苏效果更好。

（2）救护人员应接受过心肺复苏培训，才可以进行现场心肺复苏抢救。

（3）胸外心脏按压的按压频率太快或太慢效果都不好。

(4) 胸外心脏按压时定位必须准确，不可用力过大或过猛，以免挤出胃中的食物，堵塞气管，影响呼吸，或造成肋骨折断、内脏损伤等。也不能用力过小，否则起不到按压的作用。

15. 骨折固定

（1）肱骨（上臂）骨折固定法

1）夹板固定法：将两块夹板分别放在上臂内外两侧（如果只有一块夹板，则放在上臂外侧），用绷带或三角巾等将夹板上下两端固定；肘关节屈曲90°，前臂用三角巾小悬臂带悬吊于胸前，保持手部高于肘部。

2）无夹板固定法：将三角巾折叠成10~15 cm宽的条带，中段紧贴骨折处，将上臂固定在躯干上，于对侧腋下打结；屈肘90°，再用三角巾小悬臂带将前臂悬吊于胸前，保持手部高于肘部。

（2）尺骨、桡骨（前臂）骨折固定法

1）夹板固定法：将两块长度自肘关节至指尖的夹板分别放在前臂的内外两侧（如果只有一块夹板，则放在前臂外侧），掌心放置衬垫，保持腕关节背屈15°~30°，再固定夹板上下两端；屈肘90°，用三角巾大悬臂带悬吊前臂，保持手部略高于肘部。

2）无夹板固定法：用三角巾大悬臂带将骨折的前臂悬吊于胸前，手部略高于肘部；再用一条三角巾将上臂一起固定于胸部，在健侧腋下打结。

(3) 股骨 (大腿) 骨折固定法

1) 夹板固定法：伤员仰卧，伤腿伸直，将两块夹板（内侧夹板上端至会阴部，下端过足跟；外侧夹板上端至腋窝，下过足跟）分别放在伤腿内外两侧（如果只有一块夹板，则放在伤腿外侧），并将健肢靠近伤肢，双下肢并拢；关节处及骨突部位均放置衬垫，用5~7条三角巾或布条先将骨折部位的上下两端固定，然后分别固定腋下、腰部、膝、踝等处；足部用三角巾以"8"字法固定，使踝关节成直角。

2) 无夹板固定法：伤员仰卧，伤腿伸直，健肢靠近伤肢，双下肢并拢，在关节处与骨突部位之间放置衬垫，用5~7条三角巾或布条将健肢与伤肢固定在一起（先固定骨折部位的上下两端）；足部用三角巾以"8"字法固定，使踝关节成直角。

(4) 脊柱骨折固定法

不得随意搬动脊柱骨折伤员。严禁一人抱头、另一个人抬脚等不协调的动作。如果伤员为俯卧位，可用"工"字夹板固定，将两横板压住竖板分别横放于两肩上及腰部，在脊柱的凹凸部位放置衬垫，先用三角巾或布带固定两肩，再固定腰骶部。

绝不能试图扶着伤员让其做一些活动以判断有无损伤，一定要就地固定。

(5) 颅骨骨折固定法

保持头部稳定，避免晃动。具体做法：使伤员静卧，头部可稍垫高，颈部两侧用沙袋或衣物卷等固定，限制头颈部活动。

 相关链接

骨折固定的基本原则：先救命后治伤，正确判断骨折类型，固定范围应超骨折部位上下关节，确保固定牢固且不过紧，避免损伤周围组织。骨折固定时，应考虑固定后便于观察和处理骨折部位，以及便于后续治疗。

16. 止血与包扎

（1）现场止血法

外伤出血分为内出血和外出血，外出血是现场急救的重点。理论上，外出血分为动脉出血、静脉出血、毛细血管出血。动脉出血时，血色鲜红，血流量多、速度快；静脉出血时，血色暗红，持续涌出；毛细血管出血时，血色鲜红，慢慢渗出。及时鉴别出血类型，对选择止血方法有重要价值，但有时受现场光线等条件的限制，往往难以区分。

常用的现场止血法有4种，使用时可根据具体情况选其中的一种，也可以把几种止血法结合在一起应用，以达到快速、有效、安全止血的目的。

1）直接压迫止血法。该法适用于小动脉、静脉、毛细血管的出血。检查伤员伤口有无异物，如有表浅小异物，应将其取出。用无菌纱布、清洁的毛巾、衣物覆盖伤口处，用手直接持续用力压迫止血。如果纱布被血液浸透，不要取下，再取纱布在原有纱布上覆盖，继续压迫止血。

2）加压包扎止血法。该法适用于各种伤口，是一种比较可靠的非手术止血法。先用无菌纱布覆盖、压迫伤口，再用三角巾或绷带等环绕纱布加压包扎。包扎后检查肢体末端血液循环。这是目前最常用的一种止血方法。

3）填塞止血法。该法适用于腹股沟、腋窝、鼻腔出血或一些较大而深的伤口。用镊子夹住无菌纱布塞入伤口内，如果一块纱布太小，无法止血，可再加纱布，然后选用加压包扎止血法包扎固定。

4）止血带止血法。止血带止血法只适用于四肢大出血，且其他止血法不能止血的情况。止血带有布性止血带和气性止血带（如血压计袖带），其操作方法各不相同。

①布性止血带止血法。将三角巾折成带状或将其他布带绕伤肢一圈，打成蝴蝶结；取一根小棒穿在布带圈内，提起小棒拉紧，将小棒

依顺时针方向绞紧，小棒一端插入蝴蝶结环内，最后拉紧活结并与另一头打结固定。

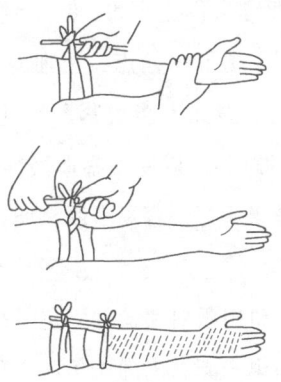

②气性止血带止血法。常使用血压计袖带，具体操作方法是把袖带绕在扎止血带的部位，然后打气至伤口停止出血。

③使用止血带的注意事项如下：

a. 部位。上臂外伤大出血应扎在上臂上 1/3 处。前臂或手大出血应扎在上臂下处，不能扎在上臂的中 1/3 处，因该处神经走行贴近肱骨，易被损伤。下肢外伤大出血应扎在股骨中下 1/3 交界处。

b. 衬垫。使用止血带的部位应该有衬垫，否则会损伤皮肤。止血带可扎在衣服外面，把衣服当衬垫。

c. 松紧度。应以出血停止、远端动脉搏动消失为度。过松达不到止血目的，过紧会损伤组织。

d. 时间。扎止血带的时间不宜过长，原则上每 0.5~1 h 放松 1 次，放松时间为 1~2 min。

e. 标记。使用止血带者，应在前额或胸前易发现部位张贴明显标记，写明时间。如立即送往医院，可以不标记。

（2）常用包扎方法

1）绷带包扎法。绷带包扎法有环形包扎法、螺旋形包扎法、螺旋反折包扎法、头顶双绷带包扎法和"8"字形包扎法等。包扎时要掌握好"三点一走行"[绷带的起点、止血点、着力点（多在伤处）和走行方向]，确保既牢固又不能太紧。包扎伤臂或伤腿时，要尽量设法暴露手指尖或脚趾尖，以便观察血液循环情况。绷带用于胸、腹、臀、会阴等部位效果不好，容易滑脱，所以绷带包扎法一般用于四肢和头部外伤。

①环形包扎法。伤口用敷料覆盖并固定。绷带一端稍斜放于敷料处环绕一圈，第二圈将第一圈斜出的一角压入环形圈内，每圈盖住前一圈。包扎完成后，固定绷带末端。

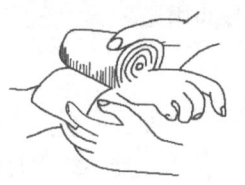
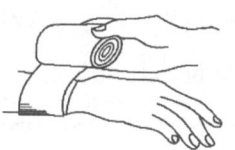

②螺旋形包扎法。伤口用敷料覆盖并固定。在伤口远心端环形包扎两圈，固定起始端。从第三圈开始，每环绕一圈压住前一圈的1/2或1/3。包扎完成后，固定绷带末端。

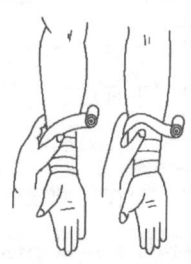

③螺旋反折包扎法。伤口用敷料覆盖并固定。在伤口远心端环形包扎两圈，固定起始端。从第三圈开始，每圈将绷带反折一次，反折时以一手压住绷带正中处，另一手将绷带向下反折，但不要在伤口处反折。包扎完成后，再环绕两圈，固定绷带末端。此法主要用于粗细不等的四肢如前臂、小腿或大腿等。

④头顶双绷带包扎法。将两条绷带连在一起，打结处包在头后部，分别经耳上向前于额部中央交叉。第一条绷带经头顶到枕部，第二条绷带反折绕回枕部，并压住第一条绷带。第一条绷带再从枕部经头顶到额部，第二条则从枕部绕到额部，又将第一条压住。如此来回缠绕，形成帽状。

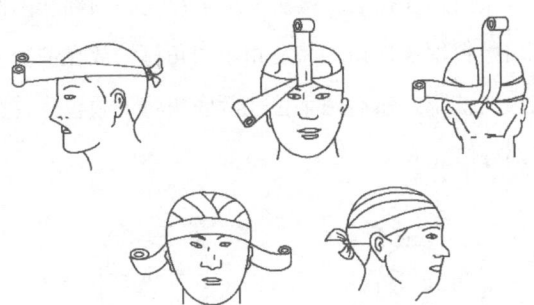

⑤"8"字形包扎法。该法适用于四肢各关节处的包扎。于关节上、下将绷带一圈向上、一圈向下做"8"字形来回缠绕，如锁骨骨

折的包扎。目前已经有专门的锁骨固定带可直接应用。

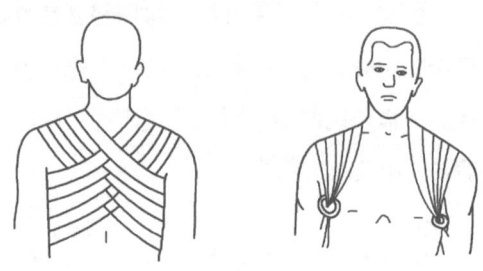

2）常用三角巾包扎法。三角巾分为普通三角巾和带形、燕尾式三角巾，包扎时操作方便，且几乎适应全身各个部位。

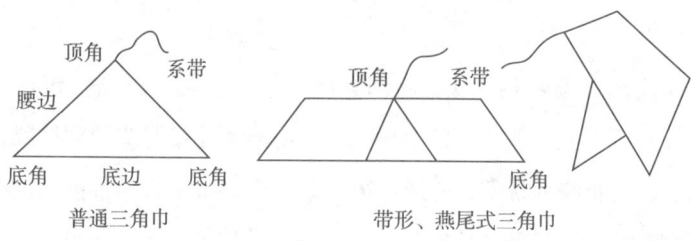

①头面部三角巾包扎法。

a. 三角巾风帽式包扎法。该法适用于包扎头顶部和两侧面、枕部的外伤。先用敷料覆盖伤口，将三角巾顶角打结放在前额正中，将底边中点打结放在枕部，然后两手拉住两底角将下颌包住并交叉，再绕到颈后的枕部打结。

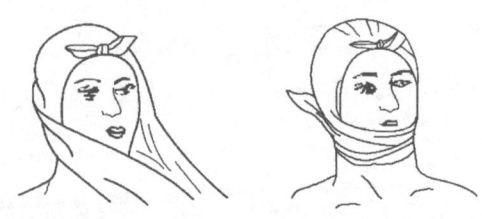

b. 三角巾帽式包扎法。伤口用敷料覆盖并固定。三角巾底边折叠约1~2横指宽，将底边中央置于伤员前额齐眉处，顶角向后。两底角分别经耳上方拉向枕骨下方并压住顶角交叉，再经耳上绕回前额，齐眉打结。一只手压住前额，另一只手拉紧顶角，将顶角折叠塞入两底角交叉处。

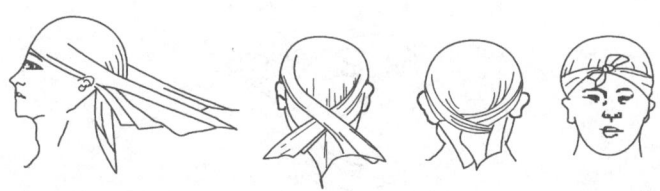

c. 三角巾面具式包扎法。该法适用于颜面部较大范围的伤口，如面部烧伤或较广泛的软组织伤。把三角巾一折为二，顶角打结放在头顶正中，两手拉住底角罩住面部，然后两底角拉向枕部交叉，最后在下颌部打结。在眼、鼻和口处提起三角巾，剪成小孔。

 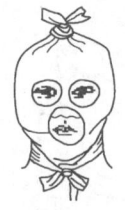

d. 双眼三角巾包扎法。用敷料覆盖伤眼，用带形三角巾从头后部向前拉，在眼部交叉，再绕向枕下部打结固定。

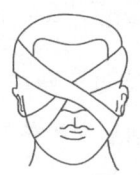 

e. 下颌、耳部、前额或颞部小范围伤口三角巾包扎法。先用敷料覆盖伤口，将带形三角巾放在下颌处，两手持带形三角巾两底角经双耳分别向上提，长的一端绕头顶与短的一端在颞部交叉，然后将短端经枕部、对侧耳上至颞侧与长端打结固定。

②上肢三角巾包扎法。先将三角巾平铺于伤员胸前，顶角对着肘关节稍外侧，与肘部平齐，屈曲伤肢，并压住三角巾。然后将三角巾下端提起，两端绕到颈后打结，顶角反折用别针扣住。

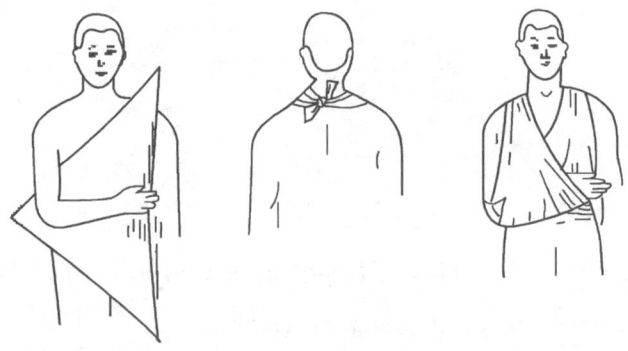

③胸背部三角巾包扎法。三角巾底边向下，绕过胸部以后在背后打结，其顶角放在伤侧肩上，系带穿过三角巾底边并打结固定。如为背部受伤，包扎方向相同，仅在前后交换位置即可。若为锁骨

骨折，则用两条带形三角巾分别包绕两个肩关节，在后背打结固定，再将三角巾的底角向背后拉紧，在两肩过度后张的情况下，在背部打结。

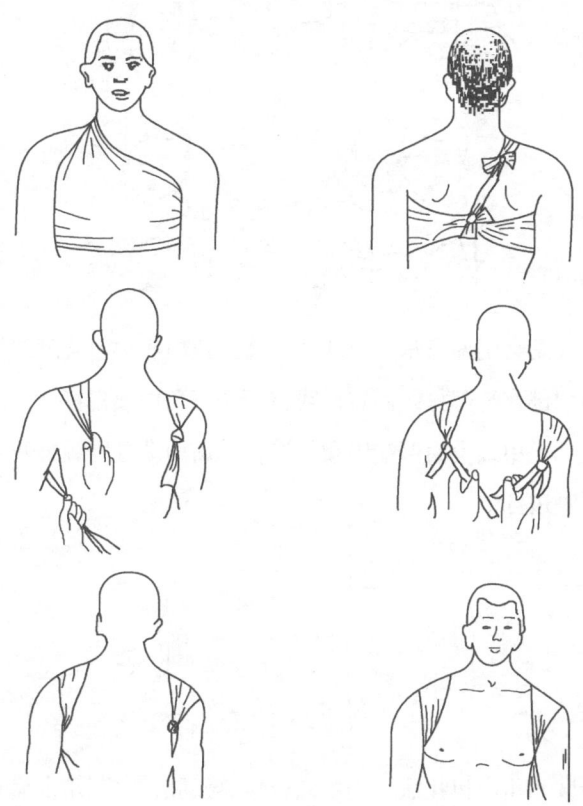

④腋窝三角巾包扎法。先在伤侧腋窝下垫上敷料，带形三角巾中间压住敷料，将带形三角巾两端向上提，于肩部交叉，并经胸背部斜向对侧腋下打结。

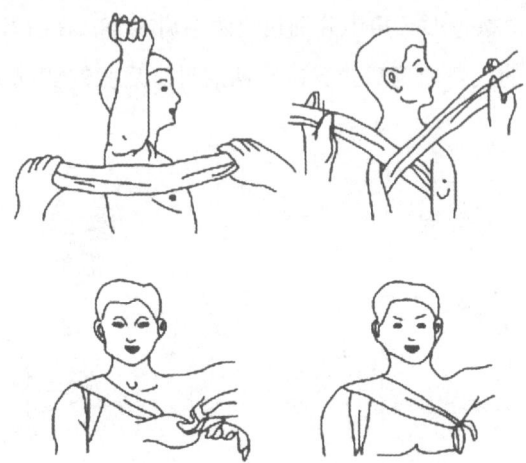

⑤下腹及会阴部三角巾包扎法。将三角巾底边包绕腰部打结，顶角兜住会阴部在臀部打结固定。或将两条三角巾顶角打结，连接结放在伤员腰部正中，上面两端围腰打结，下面两端分别缠绕两大腿根部并与相对底边打结。

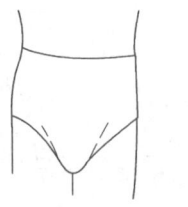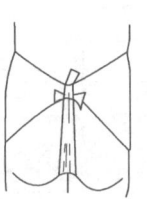

⑥残肢三角巾包扎法。先用敷料包裹残肢，将三角巾铺平，残肢放在三角巾上，使其对着顶角，并将顶角反折覆盖残肢，再将三角巾底角交叉，绕残肢打结。

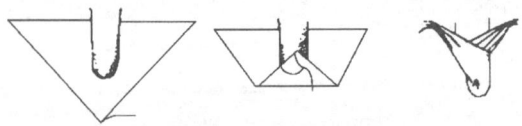

17.伤员搬运

(1)徒手搬运

1)单人搬运法。

①背法:先将伤员支起,然后背着伤员走。

②抱持法:伤员一手搭在救护人员肩上,救护人员一手抱住伤员腰背部,另一手肘部托住伤员大腿部,将伤员抱起。

③扶持法:左手拉住伤员的手,右手扶住伤员的腰部,慢慢行走。

背法　　　　　　　抱持法　　　　　　　扶持法

2)双人搬运法。

①轿杠式:两名救护人员将双手互相交叉并握紧,使伤员坐在上面,伤员双手扶住救护人员的肩部。

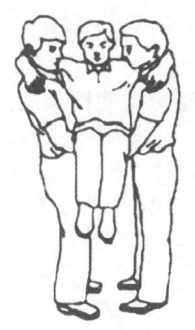

②拉车式：一名救护人员抱住伤员双膝，另一名救护人员则双手从伤员腋下抱住伤员。

3）三人搬运法。一人托住肩胛部，一人托住臀部和腰部，另一人托住两下肢，3人同时把伤员轻轻抬起。

4）多人搬运法。向担架上搬运脊柱受伤的伤员时，应由4~6人一起搬动。2人负责头部的牵引固定，使头部始终保持与躯干成直线的位置，维持颈部不动；另2人托住上肢和背部；剩余2人托住下肢。6人协调地将伤员轻轻抬起。

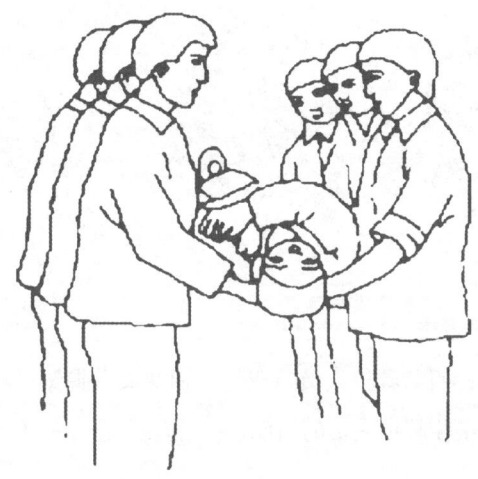

（2）担架搬运

1）担架制作。常在没有现成的担架而又需要担架搬运伤员时自制担架。

①用木棍制担架：将两根长约2.5 m的木棍或竹竿绑成梯子形，中间用绳索来回绑在两木棍或竹竿之中即成。

②用上衣制担架：将两根约 2.5 m 长的木棍或竹竿穿入两件上衣的袖筒中即成。常在没有绳索的情况下使用此法。

③用椅子代担架：将两把扶手椅对接，用绳索固定对接处即成。

④用毛毯或床单制担架：把木棍放在毛毯或床单中央，毛毯或床单的一边折叠，与另一边重合。用毛毯或床单重合的两边包住另一根木棍。用穿好线的针把两根木棍边的毛毯或床单缝合，然后把包另一根木棍边的毛毯或床单两边也缝上即成。

 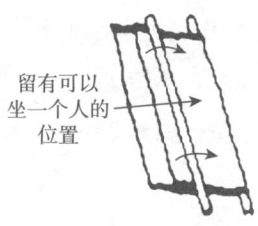 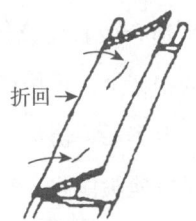

留有可以坐一个人的位置　　折回

2）不同类型伤员的担架搬运方法。

①腹部内脏脱出伤员的搬运方法如下：

a. 使伤员双腿屈曲，腹肌放松，仰卧于担架上。

b. 切忌将脱出的内脏送回腹腔，以免造成感染。可用一清洁碗扣住内脏，再用三角巾包扎固定。

c. 包扎后保持仰卧位，屈曲下肢，做好腹部保温后转送。

②昏迷或有呕吐窒息危险伤员的搬运方法：使伤员侧卧或俯卧于担架上，头偏向一侧，在保证呼吸道通畅的前提下搬运转送。

③骨盆损伤伤员的搬运方法：用三角巾将骨盆做环形包扎，搬运时使伤员仰卧于硬板或硬质担架上，双膝略弯曲，其下加垫。

④脊柱损伤伤员的搬运方法如下：

a. 对于颈椎骨折伤员，应先将颈椎固定后再搬运。颈椎损伤应由专人牵引伤员头部。

b. 对于胸腰椎骨折伤员，应采用多人搬运法，严禁背运和屈曲位搬运。

⑤颅脑损伤伤员搬运方法：伤员应取侧卧或半俯卧位，以保持呼吸道通畅，并固定头部以防振动。

（3）车辆搬运

车辆搬运受天气影响小，速度快，能将伤员及时送到医院抢救，尤其适合较长距离运送。轻伤员可坐在车上，重伤伤员可躺在车里的担架上。重伤伤员最好用救护车转送；无救护车时，可用汽车转送。上车后，伤员一般取仰卧位，胸部受伤员取半卧位，颅脑损伤伤员应使头偏向一侧。

  相关链接

搬运时的注意事项

（1）先转送危重伤员，再转送开放性损伤和多发骨折的伤员，最后转送轻伤员。

（2）搬运过程中要平稳、舒适、迅速、不倾斜、少振动，动作轻柔。

(3)昏迷、气胸伤员采取平卧式。

18. 急性中毒急救

发生急性中毒后，应使中毒者迅速脱离危险区域，并判断中毒者的生命体征。对于心搏停止的中毒者，应立即进行现场心肺复苏。对于存在呼吸道梗阻的中毒者，应立即清理呼吸道，开放气道，必要时建立人工气道通气。

(1)皮肤接触毒物的急救

皮肤接触毒物后，应立即脱去被污染的衣服，用清水洗净皮肤。对于可能经皮肤吸收中毒或引起化学性烧伤的毒物，更要充分冲洗，并可考虑选择适当中和剂中和处理。若毒物遇水能发生反应，应先用干布抹去沾染的毒物，再用清水冲洗，应尽量避免使用热水冲洗，以免增加毒物的吸收。

(2)眼部接触毒物的急救

对于眼部的毒物，要优先彻底冲洗，首次应用温水冲洗至少15 min，必要时反复冲洗。在冲洗过程中，中毒者做眨眼动作，有助于充分去除毒物。

(3)经口误服毒物的急救

如无禁忌证，现场可考虑催吐。

(4)吸入毒物的急救

迅速将中毒者转移至空气新鲜处，必要时可吸氧气。

应尽快明确接触毒物的名称、理化性质和状态、接触时间、吸收量和方式。现场救治有条件时，应根据中毒的类型，尽早给予相应的特效解毒剂。

经过必要的现场处理后，将中毒者转运至相应医院进行进一步治疗。

 相关链接

急性中毒者病情急、损害严重，需要紧急处理。因此，急性中毒的急救原则应突出4个字，即"快""稳""准""动"。"快"即迅速，分秒必争；"稳"即沉着、胆大、果断；"准"即判断准确，不要采用错误方法急救；"动"即动态观察，根据出现的症状，判断所采取措施是否对症。

19. 化学性烧伤急救

（1）化学性眼烧伤急救方法

酸、碱等化学物质溅入眼内可引起损伤，其损伤程度和预后取决于化学物质的性质、浓度、渗透力及其与眼接触的时间。可引起化学性眼烧伤的物质有硫酸、硝酸、氨水、氢氧化钾、氢氧化钠等，其中，碱性化学物质对眼的烧伤一般更严重。

1）烧伤的症状如下：

①低浓度酸、碱烧伤，表现为眼球刺痛、流泪、怕光、眼睑及结膜充血、结膜和角膜上皮脱落等；

②高浓度酸、碱烧伤，表现为眼球剧烈疼痛、流泪、怕光、眼睑痉挛、眼睑及结膜高度充血水肿、局部组织坏死等；

③严重的酸、碱烧伤，可损害眼的深部组织，出现虹膜炎、前房积脓、晶体浑浊、全眼球炎，甚至眼球穿孔、萎缩或继发青光眼等。

2）急救措施如下：

①发生化学性眼烧伤，应立即用大量流动的清水冲洗，冲洗时间应充分。也可把头浸入盛有清洁水的盆内，将上下眼睑翻开，使眼球在水中轻轻左右摆动，然后再送医院治疗。

②用生理盐水冲洗，以去除和稀释化学物质。冲洗时，应注意穹窿部有无固体化学物质残留。如为石灰和电石颗粒烧伤，应先用蘸植物油的棉签清除残余颗粒，再用水冲洗。

（2）化学性皮肤烧伤急救方法

1）迅速将伤员移离现场，脱去被污染的衣服，立即用大量流动的清水冲洗，应特别注意眼及其他特殊部位，如头、面、手、会阴的冲洗。烧伤创面经水冲洗后，必要时进行合理的中和治疗。

2）对有些化学物质烧伤，如氰化物、酚类、氢氟酸等，在冲洗时应进行适当的解毒急救处理。

3）化学性皮肤烧伤合并休克时，冲洗应从速、从简，积极进行抗休克治疗。

4）积极防治感染，合理使用抗生素。

 相关链接

　　酸烧伤大多由硫酸、硝酸、盐酸引起，还可由铬酸、高氯酸、氯磺酸、磷酸等无机酸和乙酸等有机酸引起。酸性化学物质呈液态时可以引起皮肤烧伤，呈气态时可能造成呼吸道的吸入性损伤。酸烧伤的程度与酸的浓度、皮肤接触酸的范围以及伤后是否及时用大量流动水冲洗有关。有机酸种类繁多，化学性质差异大，其致烧伤作用一般较无机酸弱。

(1) 酸烧伤症状

1) 不同种类的酸与皮肤蛋白形成不同的蛋白凝固产物，因此不同酸烧伤引起的痂皮色泽不同。

2) 酸性化学物质与皮肤接触后，因细胞脱水、蛋白凝固而阻止残余酸向深层组织侵犯，故病变常不侵犯深层（氢氟酸例外），形成以Ⅱ度为主的痂膜，其痂皮不易溶解、脱落。

3) 酸烧伤局部疼痛剧烈，皮肤组织溃烂；如果酸性化学物质通过口腔进入胃肠道，则造成口腔、食管、胃黏膜腐蚀、糜烂、溃疡出血、黏膜水肿等，甚至发生食管壁、胃壁穿孔，严重者可引起休克。

(2) 急救措施

1) 迅速脱去或剪去被污染的衣物。皮肤被强酸烧伤，如有纸巾、毛巾，应先蘸吸，然后立即用流动水冲洗。少量强酸烧伤，冲洗时间应在 15 min 以上；大量强酸烧伤，冲洗时间应在 20 min 以上。

2) 如误服酸性化学物质，则可服用蛋清、牛奶、豆浆、面糊、稠米汤或氢氧化铝凝胶保护口腔、食管、胃黏膜。严禁洗胃。

3) 拨打"120"急救电话。

注意：被强酸烧伤后，不可用碱中和的方法缓解。因为在酸碱中和的过程中会释放出大量的热，易产生热烧伤，加重伤情。

20. 火灾现场急救处置

火灾是日常生活中最常见的一种灾害，常由高温、火焰等造成烧伤，还可造成皮肤、躯体、内脏等的复合伤，甚至可致残或致死。

（1）急救原则

火灾现场的急救原则是"一脱、二观、三防、四转"。

一脱：使伤员脱离火场。

二观：观察伤员呼吸、脉搏、意识如何，目的是分轻重缓急进行急救。

三防：防止创面受污染，包括清除眼、口、鼻内的异物。

四转：把重伤者安全转送至医院。

（2）烧伤人员应急处置

1）伤员的衣服着火一时难以脱下时，可让伤员躺在地上滚动，或用水扑灭火焰。切勿奔跑或用手拍打，以免助长火势，防止手被烧伤。如附近有河沟或水池，可让伤员跳入水中。如为肢体烧伤，则可把肢体直接浸入冷水中灭火和降温，以保护身体组织免受进一步的伤害。

2）用清洁布覆盖创面做简单包扎，避免创面被污染。不得把水疱弄破，更不要在创面上涂任何有刺激性的液体或不清洁的粉和油剂，以免增加感染风险，且不利于创面后续处理。

3）伤员口渴时可饮用适量温水或含盐饮料，但必须控制量。

4）经现场处理后的伤员应迅速转送医院救治，转送过程中要注意观察伤员呼吸、脉搏、血压等的变化。

Tips 相关链接

(1) 火灾避险逃生注意事项

1) 切忌慌乱,应先判断火势来源及逃生通道走向。

2) 切勿使用普通电梯逃生。

3) 切勿返回火场取贵重物品。

4) 夜间发生火灾时,应采用拍门、手电筒闪光等方式提醒其他人逃生或呼救。

(2) 有毒有害气体伤害预防

1) 以湿毛巾掩住口鼻,低姿行进,以减少吸入浓烟。

2) 若逃生途中经过火焰区,应先用水打湿衣物或以湿棉被、湿毛毯裹住身体,迅速通过。

3) 烟雾弥漫时,一般离地面30 cm仍有残存空气可以利用,可采用低姿前行(如爬行)逃生,爬行时紧贴地面,并沿着墙壁边缘,以免错失方向。

4) 火场逃生过程中,依次关闭身后的门,以减缓燃烧速度和浓烟的蔓延速度。

21. 触电与雷击事故急救

(1) 触电事故急救

电击伤害俗称触电,是超过一定量的电流通过人体引起不同程度组织损伤、器官功能障碍或猝死的急症。大多数触电是人体直接接触电源所致。

1）触电的表现如下：

①全身表现。轻度触电者，会出现惊恐、心悸、头晕、头痛和面色苍白等症状。高压电击特别是雷击，易导致意识丧失、心搏和呼吸骤停。

②局部表现。局部皮肤组织烧伤、水肿、坏死等。

③并发症和后遗症。并发症和后遗症多出现在 24 h 或 48 h 后，表现为严重心律失常、肺水肿、消化道出血或穿孔、弥散性血管内凝血、局部组织严重坏死或继发细菌感染等。

2）触电的急救措施如下：

①尽快切断电源。立即拉下总闸门或关闭电源开关，拔掉插头，使触电者快速脱离电源。救护人员可用绝缘物（干燥的竹竿、扁担、木棍、塑料制品、橡胶制品、皮制品）挑开触电者身上的电线，使触电者迅速脱离电源。

②如触电者仍在漏电的机器上，应迅速用干燥的绝缘棉衣、棉被等将触电者推（拉）开。

③切断电源之前，救护人员切忌用手直接拉触电者，以免救护人员触电。

④确认触电者心搏骤停时，应立即实施心肺复苏急救。

⑤合理包扎伤口。

⑥救护人员最好穿胶鞋，踏在木板上保护自身。

3）触电急救的注意事项如下：

①使触电者脱离电源的同时，应防止发生二次伤害。例如，应采取措施预防触电者在脱离电源后从高处坠落。

②救护工作应持续进行，不能轻易中断，即使在送往医院途中，也不能中断抢救。

③如触电者有外伤，处理外伤不得影响抢救工作。

④夜间发生触电事故时，切断电源会同时使照明设备断电，应考虑使用临时照明，如应急灯等，以利于救护伤员。

⑤当触电者面色好转、嘴唇逐渐红润、瞳孔缩小、心搏和呼吸恢复正常，即表明抢救有效。

（2）雷击事故急救

雷击主要造成灼伤，神经系统损伤，鼓膜破裂、爆震性耳聋，白内障、失明，肢体瘫痪或截肢，重则呼吸和心搏停止、休克、死亡等。雷击造成的损伤与高压电的电击伤相似。

雷击（电击）伤常在瞬间发生，伤情严重，必须立即施救。针对多数伤员，要给予心肺复苏抢救。有心室纤颤、心律异常者，应给予除颤复律治疗。

雷击伤较为复杂，要求多学科综合救治，重点在于维持呼吸、稳定血压、纠正酸中毒、医治烧灼伤等。

1）雷击伤的急救措施如下：

①使伤员就地平卧，松解衣扣、腰带等；

②立即实施心肺复苏，坚持至伤员苏醒为止；

③送医院急救。

2）雷击伤急救的注意事项如下：

①处理雷击伤时，应注意有无其他损伤；

②现场抢救中，不要随意移动伤员，若确需移动，抢救中断时间应不超过30 s；

③移动伤员或将其送往医院时，除应使伤员平躺在担架上外，应继续抢救，对心搏、呼吸停止者要继续实施心肺复苏，在医务人员接替前抢救不能中止；

④对雷电灼伤的伤口或创面，不要用油膏或不干净的敷料包扎，可送医院后待医务人员处理。

22. 淹溺现场急救

（1）淹溺现场处置方法

1）叫。遇到溺水者，千万不要贸然跳到水中施救。要立即高声呼救，获得帮助，并拨打"120"急救电话。

2）伸。近距离救援时，可以将树枝、竹竿等伸向溺水者，将其拉上岸。为了避免刺伤溺水者，应从侧面伸出工具。

3）抛。远距离救援时，可以采用抛掷法。可用绳索把溺水者拉上岸，或者将救生圈、木板等抛向溺水者，帮助其借物漂浮在水面上，等待救援。

4）划。如果现场有小船、竹筏等，受过训练的专业救护人员可以施救。

5）游。经过训练的专业救护人员，方可下水救人。溺水者要保持冷静，不拼命挣扎，听从救护人员的指挥。

（2）淹溺事故急救方法

1）解开溺水者衣扣，检查呼吸、心搏情况。

2）检查溺水者的口鼻内有无异物，如有，应立即清除。

3）如呼吸、心搏停止，应立即施行心肺复苏。

4）有外伤时，应对症处理，如包扎、止血、固定等。

（3）淹溺急救注意事项

1）注意是否合并肺气压伤和减压病。

2）不要轻易放弃抢救，特别是低体温者（<32 ℃），应抢救更长时间。

3）在救援溺水者时，尽量避免移动溺水者，以免加重伤势。

4）溺水者上岸后，应将其头部、胸部和腹部抬高，保持呼吸道通畅，防止二次溺水。

5）溺水者容易感到寒冷，应及时提供温暖的毛毯或衣物，避免受凉。

23. 中暑与冻伤急救

（1）中暑急救

中暑是由急性热应激引起的体温调节机能障碍的急性中枢神经系统疾病，常由烈日暴晒或在高温高湿环境下从事重体力劳动所致。

1）中暑的原因。正常人体温在 37 ℃左右，是下丘脑体温调节中枢使产热与散热取得平衡的结果。当周围环境温度超过皮肤温度时，散热主要靠出汗，以及皮肤表面的蒸发。此外，血流循环可将深部组织的热量输送到体表，借助扩张的皮肤血管实现散热。在此过程中，单位时间内流经皮肤的血流量越多，散热效率越高。如果产热大于散热或散热途径受阻，则会导致体内热量蓄积，引发体温调节障碍，严重时发展为中暑。

2）急救措施如下：

①搬移。迅速将中暑者抬到通风、阴凉、干爽的地方，使其平卧并解开衣扣，松解或脱去衣服。如衣服被汗水浸湿，应更换衣服。

②降温。在中暑者头部盖上冷毛巾，可用冷水进行全身擦浴，然后用扇子或电扇吹风，加速散热。有条件的也可用降温毯给予降温。但不要快速降低中暑者体温，当体温降至38 ℃以下时，要停止冷敷等强降温措施。

③补水。如果中暑者仍有意识，可饮用一些清凉饮料。但千万不可急于补充大量水分，否则会引起呕吐、腹痛、恶心等。

④促醒。若中暑者呼吸停止，应立即实施人工呼吸。

⑤转送。对于重症中暑者，必须立即送医院诊治。运送中暑者时，应使用担架，不可使中暑者步行。运送途中要注意尽可能地用冰袋冷敷中暑者额头、枕后、胸口、肘窝及大腿根部，积极进行物理降温，以保护大脑、心肺等重要脏器。

（2）冻伤急救

低温引起人体的损伤为冻伤，分为非冻结性冻伤和冻结性冻伤。

1）非冻结性冻伤。

①主因。非冻结性冻伤是在0~10 ℃的低温潮湿条件下造成的，如冻疮、战壕足、浸渍足等。

②主症。足、手和耳部红肿，伴痒感或刺痛，有水疱，合并感染后有糜烂或溃疡。

2）冻结性冻伤。

①主因。冻结性冻伤是由于身体的局部或全部短时间暴露于极低温度，或长时间暴露于0 ℃以下环境而引起的组织冻结性病理改变，

如野外遇暴风雪受困、不慎被制冷剂（如液氮、固体二氧化碳）损伤。

②主症。局部冻伤可分为4度。

Ⅰ度冻伤：仅及表皮层，可自行消退，不留痕迹，冻伤面明显充血和水肿，皮肤呈紫红色花斑、发痒；复温后，出现红肿、刺痛和灼热等症状。

Ⅱ度冻伤：达真皮层，不留瘢痕，有水疱形成，局部疼痛较剧烈，感觉迟钝，红肿明显；水疱液清，属浆液性。

Ⅲ度冻伤：皮肤全层坏死，留有瘢痕，影响功能，皮肤发绀、表面感觉消失、疼痛剧烈，冻区周围出现水肿和血性水疱；坏死痂皮脱落后，露出肉芽组织，不易愈合。

Ⅳ度冻伤：达机体全层，包括肌肉和骨组织坏死。皮肤呈紫蓝色、表面感觉消失、疼痛难忍，冻伤区与健康组织交界处出现水疱。两周左右出现干性坏疽，并发感染者为湿性坏疽。

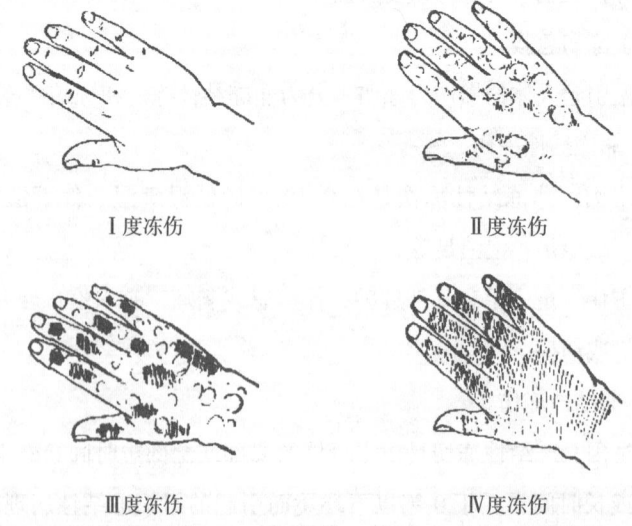

Ⅰ度冻伤　　　　　　Ⅱ度冻伤

Ⅲ度冻伤　　　　　　Ⅳ度冻伤

3）急救措施。复温是冻伤急救的基本手段。首先应使伤员脱离低温环境和冰冻物体。衣服、鞋袜等同肢体冻结时，勿用火烘烤，应用温水（40 ℃左右）融化后脱下或剪掉。然后用38~40 ℃温水浸泡伤肢或浸浴全身。水温要稳定，使局部在20 min、全身在30 min内复温，到肢体红润、皮肤温度达36 ℃左右为宜。对呼吸、心搏骤停者，立即施行心肺复苏。

24. 车辆伤害急救

（1）请求支援

1）无法自行处理时，一定要向旁人求救。

2）拨打"120"急救电话。

3）无论发生多大的车辆伤害事故，都需要报警。

4）原则上尽量不要移动伤员。若出事地点太危险，则找人帮忙，小心地将伤员转移至安全地点。

5）注意防止引发其他事故，利用三角警告牌提醒其他来车。

（2）进行自检、自救与互救

首先要检查伤员的意识及呼吸、脉搏。千万不要扭曲伤员的身体，因为车辆伤害事故常伤及颈部骨骼及神经，扭曲伤员身体易加重伤情。一般来说，头部、胸部受伤（或多处受伤）及出血多、昏迷者均为重伤。对危重伤员及呼吸、心搏停止者，应立即实施心肺复苏。对意识丧失者，应清除其口鼻内的异物，保持侧卧或俯卧位，防止窒息。对出血多者，应加压包扎止血，紧急时用干净手帕等压住伤口。骨折、脱臼者，应就地取材用木棍等固定肢体。

（3）接受诊治

受到车辆伤害时，无论伤势多么轻微，即使看起来毫发无伤，也应及时前往医院接受诊治。

 案例解读

> 小徐和小方是医学院的学生，两人在火车站候车厅等车时，偶遇一位老人倒地不起。小徐和小方见状立即伸出援手，利用所学医学知识给老人做心肺复苏等。遗憾的是，老人终因抢救无效去世。老人的家属认为小徐和小方不具备行医资格，将二人诉至人民法院要求赔偿。
>
> 《中华人民共和国民法典》第一百八十四条规定：因自愿实施紧急救助行为造成受助人损害的，救助人不承担民事责任。法院认为，在老人倒地不起的紧急情况下，小徐和小方自愿利用自己具备的医学知识进行救助，且主观上没有造成被救助者死亡的故意，故二人无须承担责任。

第3章 建筑施工意外伤害与应急处置

25. 建筑施工工伤事故特点及原因

（1）建筑施工工伤事故特点

建筑施工工伤事故类型多样，常见的事故有高处坠落、触电、物体打击、机械伤害、坍塌。高处坠落事故频发，多发生在临边、洞口等高处作业场景；触电事故危险性高，多因现场电线、电缆老化、破损等；物体打击事故不容忽视，多由物料多、高处落物等造成；机械伤害和坍塌事故与施工环境密切相关，复杂多变的现场环境、恶劣天气等影响人员操作，增加事故发生概率。

（2）建筑施工工伤事故的主要原因

建筑施工工伤事故的主要原因有外部原因、内部原因和客观原因3个方面。

1）外部原因。建筑施工企业在安全生产上的资金投入严重不足；部分工程工期设置不合理，使建筑施工企业的安全生产管理无法按既定规章进行；有的业主随意肢解工程，建筑施工企业没有对工程进行综合管理。

2）内部原因。一些建筑施工企业片面追求经济效益，减少安全设施上的必要投入；有的企业以包代管现象严重；有的企业在改革改制中，削弱安全生产管理机构，减少安全生产管理人员，造成企业安全生产管理力量不足；有的企业不重视安全生产教育和培训。

3）客观原因。例如，高处作业多，露天作业多，手工劳动及繁重体力劳动多，立体交叉作业多，临时作业人员多。

26. 高处坠落事故应急救护

（1）发生高处坠落事故，应马上组织抢救伤员。应观察伤员的受伤部位、伤害性质、严重程度。遇呼吸、心搏停止者，应立即实施心肺复苏。对处于休克状态的伤员，要让其平卧、少动，注意保暖，并将其下肢抬高约20°，尽快送医院进行抢救治疗。

（2）出现颅脑外伤者，必须维持伤员呼吸道通畅。昏迷者应平卧，面部转向一侧，以防其舌根下坠或吸入分泌物、呕吐物而发生喉阻塞。遇有凹陷性骨折、严重的颅底骨折伤员，应用消毒的纱布或清洁布等覆盖伤口，用绷带或布条包扎，及时送到就近有条件的医院治疗。

（3）发现脊柱受伤者，应用消毒的纱布或清洁布等覆盖伤口，用绷带或布条包扎。搬运时，伤员应平卧在硬板上，以免受伤的脊柱移位、断裂造成截瘫。搬运脊柱受伤的伤员时，严禁只抬伤员的两肩与两腿或单肩背运。

（4）发现伤员手/足骨折时，不要盲目搬运。应用夹板临时固定骨折部位，使断端不再移位或刺伤肌肉、神经或血管。

（5）遇有创伤性出血的伤员，应迅速包扎止血，使伤员保持在头低脚高的卧位，并注意保暖。

（6）动用最快的交通工具及时把伤员送往有条件的医院抢救，途中应尽量减少颠簸。同时，密切注意伤员的呼吸、脉搏、血压及伤口的情况。

27. 物体打击事故应急救护

（1）一旦发生物体打击事故，应立即拨打"120"急救电话，并向有关人员和部门进行事故报告。

（2）发生物体打击事故后，尽快在当场施救，避免移动伤员。抢救的重点应放在处理颅脑损伤、胸部骨折和出血上。

（3）发生物体打击事故后，应首先观察伤员的受伤部位、伤害性质、严重程度。遇呼吸、心搏停止者，应立即进行心肺复苏。对处于休克状态的伤员，要让其平卧、少动，注意保暖，并将下肢抬高约20°，尽快送医院进行抢救治疗。

（4）出现颅脑损伤者，必须维持呼吸道通畅。昏迷者应平卧，面部转向一侧，以防舌根下坠或吸入分泌物、呕吐物而发生喉阻塞。遇有凹陷性骨折、严重的颅底骨折伤员，应用消毒的纱布或清洁布等覆盖伤口，用绷带或布条包扎后，及时送附近有条件的医院治疗。

（5）如果处在不宜救治的场所，应将伤员放到担架或平板上，再转移至能够安全施救的地点。

28. 施工机械伤害事故应急救护

（1）发生施工机械伤害事故后，应立即切断动力电源，根据伤员的伤害情况，采取相应的急救办法。同时，现场有关人员应立即进行事故报告。

（2）遇有创伤性出血的伤员，应迅速包扎止血，使伤员保持在头低脚高的卧位，并注意保暖。

（3）遇呼吸、心搏停止者，应立即进行心肺复苏，并尽快送医院进行抢救治疗。

（4）出现颅脑损伤的，必须保持呼吸道畅通。昏迷者应平卧，面部转向一侧，以防舌根下坠或吸入分泌物、淤血、呕吐物。遇有凹陷性骨折及严重的颅底骨折伤员，应用消毒的纱布或清洁布等覆盖伤口，用绷带或布条包扎后，及时送有条件的医院治疗。

（5）发现脊柱受伤者，应用消毒的纱布或清洁布等覆盖伤口，用绷带或布条包扎。移动时，伤员应平卧在帆布担架或硬板上，以免受伤的脊柱移位、断裂造成截瘫甚至死亡。

（6）发现伤员手/足骨折的，不要盲目搬动伤员，应用夹板临时固定骨折部位，使断端不再移位或刺伤肌肉、神经或血管。

（7）当手指被机械切离身体时，一定要保护好断指，断指应随伤员一起送到医院。

（8）动用最快的交通工具及时把伤员送往邻近医院抢救，运送途中应尽量减少颠簸。同时，密切注意伤员的呼吸、脉搏、血压及伤口的情况。

29. 施工坍塌事故应急救护

（1）当施工坍塌事故伴随火灾发生时，救人、灭火应同时进行。

（2）在现场快速开辟出一块空阔地和进出通道，确保现场有急救平台和供救援车辆进出的通道。

（3）救护人员要注意自身的行动安全，不得进入建筑结构已经明显松动的建筑物内部，不得站在受力不均匀的阳台、楼板、房屋等部位，不得冒险钻入非稳固支撑的建筑废墟下面。实施坍塌现场的监护，严防坍塌事故再次发生。

（4）为最大限度地抢救遇险人员，抢救行动应本着先易后难、先救人后救物、先伤员后亡者、先重伤员后轻伤员的原则进行。

（5）对于可能存在危险化学品泄漏的现场，救护人员必须穿戴空气呼吸器、防护服；使用切割装备破拆时，必须确认现场无易燃易爆物品。

第4章 煤矿意外伤害与应急处置

30. 煤矿事故报告注意事项

煤矿发生伤亡事故后,现场人员应立即向企业负责人或有关主管人员报告。企业负责人或有关主管人员接到事故信息后,必须向当地人民政府及有关部门报告,并在 24 h 内写出事故快报报上述部门。

事故快报内容应当包括:矿井基本情况,事故发生的时间、地点、单位、伤亡人数、直接经济损失(初步估计),事故简要经过,事故发生原因的初步判断,事故发生后采取的措施及事故控制情况等。

31. 煤矿瓦斯爆炸事故应急救护

（1）瓦斯的性质和特点

1）瓦斯的主要组分是甲烷。甲烷是一种无色、无臭的气体，难溶于水，比空气轻，易在高处积存。

2）瓦斯的扩散能力很强。瓦斯从某一地点涌出后，能很快在巷道中扩散。

3）瓦斯无毒，但不能供人呼吸，当空气中瓦斯浓度较高时，会降低空气中氧的体积分数，易造成人员窒息。

4）瓦斯易燃易爆，瓦斯与空气混合达到一定浓度后遇点火源会发生燃烧或爆炸。

（2）煤矿瓦斯爆炸事故应急处置

1）煤矿井下一旦发生瓦斯爆炸事故，应立即正确佩戴好自救器，按避灾路线到达最近的新鲜风流中，第一时间向煤矿调度室报告事故地点、现场事故情况。

2）应快速撤离，不要慌乱，尽量低行。

3）如煤矿瓦斯爆炸事故破坏了巷道中的避灾路线指示牌，撤离人员迷失了行进的方向，则应朝着有风流通过的巷道方向撤离。

4）在撤离途中听到爆炸声或感觉到空气振动冲击波时，应立即背向声音和气浪传来的方向，脸向下迅速卧倒，双手置于身体下面，闭上眼睛，头部尽量放低。

5）在瓦斯爆炸事故中，避难硐室是遇险人员难以撤离危险区域时，供遇险人员暂时避难待救的场所。

6）发生瓦斯爆炸事故后，遇险人员如果无法迅速到达避难硐室，应在烟气袭来之前选择合适的地点就地利用现场条件快速搭建临时避难硐室,进行自救。

7)进入避难硐室前,应在室外留设文字、衣物、矿灯等明显标志,以便于救护人员发现而实施救援。进入避难硐室后,开启压风自救系统,可有规律、间断地敲击金属物、顶帮岩石,发出呼救联络信号。

32. 煤矿火灾事故应急救护

(1)煤矿火灾事故救护原则

控制烟雾的蔓延,不危及井下人员的安全;防止火灾扩大;防止引起瓦斯、煤尘爆炸,防止火风压引起风流逆转而造成危害;保障救护人员的安全,并有利于抢救遇险人员;创造有利的灭火条件。

（2）煤矿火灾应急措施

1）现场应急措施如下：

①发现火源时，现场人员应利用附近的灭火器材积极扑灭初期火灾，并迅速向调度室报告。当难以控制火势时，应立即佩戴自救器，按照避灾路线迅速撤出危险区域直至地面。

②在撤离受阻时，应戴好自救器，选择最近的避难硐室或临时避险设施待救。

③带班领导和班组长负责组织灭火、自救互救和撤离工作。

2）矿井火灾应急处置要点如下：

①调度室接到事故报告后，必须立即发出警报，通知撤出危险区域和可能受威胁区域的人员。在判断受威胁区域时，要充分考虑矿井火灾发展迅速、烟气蔓延速度快的特点，估计火势失去控制后可能造成的危害。严格执行抢险救援期间入井制度、升井制度，安排专人清点升井人数，确认未升井人数。

②通知相关单位，报告事故情况。事故发生后，调度室应第一时间通知矿山救护队出动救援，通知当地医疗机构进行医疗救护，通知矿井主要负责人、技术负责人及各有关部门相关人员开展救援，通知可能波及的相邻矿井和有关单位，按规定向上级有关部门和领导报告。

③要抓住火灾初期容易控制、容易扑灭的有利时机，尽快采取措施灭火和控制火势发展，防止灾情扩大。迅速组织开展救援工作，积极抢救被困遇险人员。

3）抢险救援技术要点如下：

①掌握火灾地点、火灾类型、火源位置、危险区域、遇险人员数

量及分布、通风情况、瓦斯等有害气体浓度、巷道破坏程度，以及现场救援队伍和救援装备等情况。

②应迅速派矿山救护队进入危险区域侦察灾情，发现遇险人员立即抢救，探明危险区域情况，为救援指挥部制定决策方案提供准确信息。救援指挥部根据已掌握的情况、监控系统监测数据和危险区域侦察结果，进一步分析判断火源点、燃烧强度、温度及气体浓度分布状况、破坏范围及程度，判断遇险人员的生存状况，研究制定救援方案和安全技术措施。

③采取风流调控措施，控制火灾烟雾的蔓延，防止灾害扩大。采取反风措施处理进风井筒、井底车场及主要进风巷火灾时，必须详细制定反风方案和安全技术措施并严格实施。反风前，应撤出火源进风区人员。

④根据现场情况选择直接灭火、隔绝灭火或综合灭火方法。当火源明确、能够接近、火势不大、范围较小、瓦斯浓度在允许范围内时，应采取清除火源、用水浇灭等直接灭火方法，尽快扑灭火灾，防止事故扩大。对于大面积火灾或隐蔽火灾，当直接灭火无效或者危及救护人员安全时，应采取封闭火区的隔绝灭火方法或综合灭火方法。封闭具有爆炸危险的火区时，应采取注入惰性气体、注浆等措施，消除爆炸危险，再在安全位置建立密闭墙进行隔绝灭火。

⑤组织恢复通风设施时，遵循"先外后里，先主后次"的原则：由井底开始由外向里逐步恢复，先恢复主要的和容易恢复的通风设施。对损坏严重、一时难以恢复的通风设施，可用临时设施代替。

> **Tips 相关链接**
>
> 井下火灾常用扑救方法
>
> （1）直接灭火方法
>
> 在火源附近或离火源一定距离，用水、惰性气体、泡沫灭火剂、干粉、砂（岩粉）等直接扑灭矿井火灾。
>
> （2）隔绝灭火方法
>
> 隔绝灭火方法是指在通往火区的所有巷道内构筑防火墙，将风流全部隔断，阻断空气的供给，使矿井火灾逐渐自行熄灭。
>
> （3）综合灭火方法
>
> 先用密闭墙封闭火区，待火焰部分熄灭且温度降低后，采取措施控制火区，再打开密闭墙用直接灭火方法灭火。

33. 煤矿透水事故应急救护

（1）井下一旦发生透水事故，要立即组织人员按避灾路线安全撤离到新鲜风流中。撤离前，应设法将撤离路线和目的地告知调度室，到达目的地后再报调度室。

（2）要特别注意"人往高处走"，切不可进入透水点附近下方的独头巷道。由于透水时，水流来势很猛，冲力很大，现场人员应立即避开出水口和泄水流，躲避到硐室内、巷道拐弯处或其他安全地点。如果情况紧急，来不及躲避，可抓牢立柱或其他固定物，防止被水冲倒或冲走。

（3）人员撤出透水区域后，应立即将防水闸门紧紧关闭，以隔断水流。如巷道中照明和路标被破坏，应向有风流的上山方向撤离。在撤离沿途和所经过的巷道交叉口，应留设指示行进方向的明显标志。从立井梯向上爬时，应有序进行，手要抓牢，脚要蹬稳。

（4）当唯一的出口被封堵无法撤离时，应在管理人员或有经验的人员带领下进行避灾，等待救护人员的营救，严禁盲目潜水等冒险行为。

（5）当避灾处水位低于外部水位时，不得打开水管、压风管供风，以免水位上升。必要时，可设置挡墙或防护板，阻止涌水、煤矸和有害气体侵入。避灾处外口应留衣物、矿灯等，以便救护人员发现。

（6）重大水害的避灾时间一般较长，应合理安排食物、矿灯等物品，保持静卧，采用各种方法与外部联系。

34. 煤矿冒顶事故应急救护

（1）冒顶事故的发生一般是有预兆的。井下人员发现冒顶预兆，应立即进入安全地点避灾。如果来不及进入安全地点，要靠井巷侧壁站立（但应防止片帮），或到木垛处避灾。

（2）发生冒顶事故后，要根据现场情况，判断冒顶事故发生的地点、灾情、原因、影响区域，进行现场处置。如无第二次大面积顶板动力现象，应立即组织对受困人员进行施救，防止事故扩大。

（3）现场救护人员必须在巷道通风、后路畅通、现场顶帮维护好的情况下施救，施救过程中必须安排专人进行顶板观察、监护。当出现大面积来压等异常情况或通风不良、瓦斯浓度急剧上升有爆炸危险时，必须立即撤到安全地点，等待救援。

（4）撤退巷道一旦被堵，应沉着冷静，同时维护好冒落处和避灾处的支护，防止冒顶进一步扩大，并有规律地向外发出呼救信号，但不能敲打威胁自身安全的物料和岩石，更不能在条件不允许的情况下强行挣扎脱险。若被困时间较长，则应减少体力消耗，节水、节食和节约矿灯用电。若有压风管，应用压风管供风，做好长时间避灾的准备。

（5）抢救被煤和矸石埋压的人员时，首先应加固冒顶地点周围的支架，并预留好安全退路，保障救护人员自身安全，然后采取措施。救出被困人员后，应清理其口鼻内的异物，保持呼吸道畅通。

（6）应根据现场实际情况开展救护工作：对轻伤伤员，应现场对其进行包扎，并转移到安全地点；对骨折伤员，不要轻易挪动，应先采取固定措施；对出血伤员，要先止血，等待救援。

（7）发生冒顶事故后，应用呼喊、敲击或采用生命探测仪探测等方法，判断被困人员位置，与被困人员保持联系，鼓励他们配合抢救工作。一时无法接近被困人员时，应设法利用压风管路等提供新鲜空气和食物。

（8）处理冒顶事故时，应指定专人监测瓦斯浓度和观察顶板情况，如发现异常，应立即撤出人员。

第5章 冶金与化工企业意外伤害与应急处置

35. 冶金企业事故特点

冶金生产过程中的主要事故类型为煤气中毒，火灾和爆炸，高温液体喷溅、溢出和泄漏，电缆隧道火灾，煤粉爆炸等。

冶金行业企业规模大、人员众多，管理难度较大，易发生人员伤亡的重大生产安全事故，具有与其他行业明显不同的特点。

36. 冶金企业生产中存在的主要职业病危害

（1）高温和强辐射热

冶金生产中，加工、烧结、炼焦、炼铁、炼钢、轧钢等多道工序属于高温作业，易导致人员中暑；灼热的物体辐射出的大量红外线，易引起职业性白内障。

（2）粉尘危害

在矿石生产加工中，从井下开采、运输、破碎到选矿、混料、烧结等环节，都有高浓度的粉尘，耐火材料加工、炼焦、炼钢的过程中亦有大量粉尘产生。长期在这种环境下作业，易引发尘肺病。

（3）一氧化碳中毒

煤气中一氧化碳体积分数约为30%，在接触煤气的岗位作业，如不注意防护，可能发生一氧化碳中毒事故。

（4）其他危害

冶金作业人员由于接触火焰、钢水、钢渣、钢锭的机会较多，容易发生烧灼伤；接触热辐射的作业人员易发生热激红斑、色素沉着、毛囊炎及皮肤化脓等疾患。

37. 冶金企业煤气事故应急救护

（1）煤气泄漏应急处置

煤气中含有大量易燃易爆、有毒有害物质，在生产、运输、储存和使用过程中，若发生煤气泄漏，则有中毒、火灾和爆炸危险。

发生煤气泄漏时，应关闭送气阀，进行空气稀释，待检验并确认无危险后，才能检查和抢修。

煤气泄漏较严重时，应迅速划分危险单元，并在危险单元周围200 m范围内设立警戒线，严禁无关人员及车辆通过，查禁所有火源。

（2）人员煤气中毒救护方法

1）进入泄漏区的人员必须佩戴一氧化碳报警仪、氧气呼吸器。

2）设置警戒区域并进行监护，防止其他人员进入煤气泄漏区域。

3）救护人员要尽快将中毒人员移离中毒环境，并使中毒人员静卧，避免活动后加重心肺负担及增加氧的消耗量。

4）事故现场杜绝任何火源。

5）清点在岗人员及救护人员人数，在人数不符的情况下搜救工作不能终止，直到点清全部人员。

6）全面搜索泄漏点周围，特别是死角、夹道等不易引起注意的地方。

7）应对警戒区域内的煤气浓度进行检测，超过规定标准时，安全警戒不能解除。

（3）煤气泄漏引发火灾或爆炸事故的处置方法

1）煤气轻微泄漏引起着火时，可用湿泥、湿麻袋覆盖着火部位进行灭火，火焰熄灭后再按有关规定补好泄漏处。

2）直径小于 100 mm 的煤气管道着火时，可直接关闭阀门，切断气源灭火。

3）直径大于 100 mm 的煤气管道或设备着火时，应向管道或设备内通入大量蒸汽或氮气，同时降低煤气压力，缓慢关小阀门但压力不得低于 100 Pa，以防止回火引起爆炸，待火焰熄灭后再彻底关闭阀门。

4）煤气管道或设备被烧红时，不得用水骤然冷却，以防煤气管道或设备变形断裂。

5）当管道法兰、补偿器、阀门等处着火时，如果火势较小，应戴好呼吸器，用就近的灭火器灭火；如果火势较大，灭火器无法灭火，可用消防水冷却设备，同时向系统内通入蒸汽或氮气，逐渐关闭阀门，待火焰熄灭后彻底切断气源灭火。

6）发生煤气爆炸事故后，在查明事故原因和采取必要的安全措施前，不得向煤气设施输送煤气。

38. 冶金企业高温液体喷溅事故应急救护

（1）高温液体喷溅事故伤员救护

1）人员身上着火时，严禁奔跑，要跳入浅水池中或就地打滚，邻近人员要帮助灭火。

2）对心搏、呼吸停止者，应立即进行心肺复苏。

3）对面部、颈部深度烧伤及出现呼吸困难者，应迅速将其送往医院抢救。

4）非化学物质的烧伤创面，不可用水淋，不要弄破创面水疱，以免创面感染。

5）用清洁纱布等盖住创面，以免感染。

6）如伤员口渴，可饮用盐水，但不可喝生水及大量白开水，以免引起脑水肿及肺水肿。

7）对严重烧伤者，争取在休克出现之前，迅速送医院医治。

（2）高温液体溢出、爆炸事故处置措施

1）发生高温液体溢出时，应立即停止作业，撤出危险区域内的人员。

2）发生漏铁、漏钢事故时，要将剩余铁水、钢水倒入备用罐。

3）若高温液体溢出且地面有乙炔瓶、氧气瓶等，如不能及时搬走气瓶，要采取降温措施。

4）高温液体溢出或泄漏引起火灾时，不能用水扑救，一般采用干粉灭火器灭火。

5）一旦发生火灾、爆炸等二次事故，应立即设置警戒区域，禁止人员进入。

39. 冶金企业火灾、爆炸事故应急救护

（1）火灾、爆炸事故处置措施

1）指定专人维护事故现场秩序，阻止无关人员进入事故现场，严防二次伤害，指引救护人员进入事故现场。

2）根据实际需要，立即对伤员实施现场救护，如心肺复苏、外伤包扎等，同时应迅速联系专业医务人员。

3）及时收集现场人员位置、数量信息，准确统计伤亡情况，防

止人员被遗漏。

4)及时隔离事发设备,保障其他设备的安全运行。

5)确定事故对周边相关动力管网的影响,采取安全防范措施。

6)尽快转移易燃易爆等危险品,严防转移过程中对救护人员造成伤害。

(2)应急处置与救治

当发生热物体烫伤事故时,事发单位应了解情况,及时抢修设备,进行堵漏,并使伤员迅速脱离热源,然后用大量清水冲洗或浸泡烫伤部位。不要给烫伤创面涂有颜色的药物,以免影响对烫伤的观察和判断;不要将牙膏、油膏等涂于烫伤创面,以减少创面感染的机会,减少就医时处理的难度。如果出现水疱,不要将疱皮撕去,避免感染。简单救治后应及时将伤员送往医院救治。

40. 化工企业事故特点及原因

（1）化工企业事故主要特点

1）大量化学物质意外排放或泄漏造成的伤亡极其惨重，损失巨大。

2）化工生产事故损害具有多样性，即事故不仅会造成人员死亡，还会对人体各器官造成暂时性或永久性的功能性或器质性损害；既可以是急性中毒，也可以是慢性中毒；不但影响本人，而且有可能影响后代；既可以致畸，也可以致癌。

3）化工生产事故易造成环境污染，彻底消除影响十分困难。

4）无论企业大小、气象条件如何，也无论春夏秋冬，化工生产事故随时有可能发生。

5）化学物质种类多，因而当事故发生后，迅速确定是哪种物质引起的伤害十分困难，这对事故应急救援不利。

由于各种原因，在危险化学品生产、运输、仓储、销售、使用和废弃物处置等各个环节都出现过许多重特大事故，给人民的生命财产造成严重的损失。

（2）化工企业常见事故原因

1）直接事故原因如下：

①物或环境的不安全状态，如防护、保险、信号等装置缺乏或有缺陷，设备、设施、工具、附件有缺陷，劳动防护用品、用具缺少或有缺陷，生产（施工）场地环境不良等。

②人的不安全行为，如操作错误造成安全装置失效，使用不安全设备，手代替工具操作，物品存放不当，冒险进入危险场所，违反操作规程，注意力不集中，忽视劳动防护用品、用具的使用，不安全装束等。

2）间接事故原因。技术和设计上有缺陷；建筑物、机械设备、仪器仪表、工艺过程、操作方法、维修检验等的设计存在问题；作业人员安全生产教育和培训不够或未经培训，缺乏或不懂安全操作技术；劳动组织不合理，对现场工作缺乏检查或指导错误；安全操作规程缺乏或不健全；没有或不认真落实事故防范措施，对事故隐患整改不力等。

41. 危险化学品火灾应急救护

在化工企业生产过程中和危险化学品运输、仓储、销售、使用和废弃物处置等各个环节，化学物质的因素、气象因素、违章操作等都有可能导致火灾、爆炸事故的发生。

在火灾尚未扩大到不可控制之前,应尽快用灭火器灭火。迅速关闭火灾部位上下游的阀门,切断进入火灾事故地点的一切物料,立即启用现有各种消防装备扑灭初期火灾和控制火源。

对周围设施采取保护措施。为防止火灾危及相邻设备和设施,必须及时采取冷却保护措施,并迅速转移受火灾威胁的物资。

 相关链接

危险化学品火灾灭火要点:

(1) 对于可燃和助燃气体火灾,要先关闭管道阀门,用水冷却其容器、管道,再用干粉、沙土扑灭火焰。

(2) 对于易燃和可燃液体火灾,用泡沫灭火剂、干粉灭火剂、二氧化碳灭火剂扑救,同时用水冷却容器四周,防止容器膨胀爆炸。酸、醚、酮等溶于水的易燃液体发生火灾时,应用抗溶性泡沫扑救。

(3) 对于易燃和可燃固体火灾,可用泡沫灭火剂、干粉灭火剂、沙土、二氧化碳灭火剂或雾状水扑救。

(4) 对于自燃性物质火灾,可用水、干粉灭火剂、沙土、二氧化碳灭火剂扑救。

(5) 对遇水燃烧物质火灾,可用干粉灭火剂、干沙土扑救。

(6) 对氧化剂类火灾,可用干粉灭火剂、水、二氧化碳灭火剂扑救。

第6章 机械制造意外伤害与应急处置

42. 机械设备的主要危害与危害因素

机械设备是各行业机械加工的基础设备,主要有金属切削机械、锻压机械、冲剪压机械、起重机械、铸造机械、木工机械等。

(1)机械设备的主要危害

1)机械性危害。机械性危害主要包括挤压、碾压、剪切、切割、碰撞或跌落、缠绕或卷入、戳扎或刺伤、摩擦或磨损、物体打击、高压流体喷射等。

2)非机械性危害。非机械性危害主要包括触电、高温、噪声、振动、电磁辐射等产生的危害,加工、使用各种危险物质产生的危害(如火灾、爆炸、中毒、腐蚀、粉尘危害等),以及忽略安全人机工程学原理而产生的危害等。

（2）机械设备的主要危害因素

1）正常工作状态存在的危险。机械设备在正常工作状态下，为执行预定功能，某些部件必须运作，并可能产生危害。例如，在正常工作状态下，零部件的相对运动、刀具的旋转使机械设备存在碰撞、切割的危险；机械运转的噪声和振动等使作业环境恶化，对作业人员安全不利。

2）非正常工作状态存在的危险。非正常工作状态包括故障状态和维修保养状态。

设备故障不仅可能造成局部或整机停转，还可能对作业人员的安全构成威胁。例如，运转中的砂轮片破损会导致砂轮飞出，造成物体打击事故；电气开关故障会导致机械设备不能停机的危险。

机械设备的维修保养一般是在停机状态下进行的，由于检修的需要，检修人员往往采用一些特殊的做法，如攀高、进入狭小或几乎密闭的空间，将安全装置拆除等，使维护和修理过程容易出现正常操作时不会出现的危险。

43. 金属切削加工常见机械伤害

（1）挤压

例如，冲压机的冲头下落时，可能对手部造成挤压伤害；人手可能在螺旋输送机、塑料注射成型机中受到挤压伤害。

（2）咬入（咬合）

典型的咬入点有啮合的齿轮、传送带与带轮、链与链轮、两个向相反方向转动的轧辊。

（3）碰撞和撞击

碰撞和撞击包括人受到运动部件的碰撞和飞来物撞击。

（4）剪切

这种事故常发生在剪板机、切纸机上。

（5）卡住或缠住

运动部件上的凸起物、传动带接头、车床的转轴、加工件等可能将人的手套、衣袖、头发甚至擦拭机械用的棉纱缠住而造成人员伤害。需要注意的是，一种机械可能同时存在几种危险，即可同时造成几种形式的伤害。

44. 机械制造业职业病危害防护措施

机械制造业职业病危害主要集中在铸造生产过程中的硅尘危害、涂装生产过程中的苯及同系物等有机溶剂危害，以及电焊作业中的电焊（烟）尘危害。为此，机械制造业的职业病危害防护应从以下方面综合考虑：

（1）合理布局

在车间布局上，应合理分区，以隔离不同作业区域，避免职业病危害因素相互影响。例如，铸造工序中的熔炼炉应放在室外或远离人员集中的公共场所，铆工和电焊、喷（涂）漆工序应分开布置。

（2）防尘

铸造应尽量选用游离二氧化硅含量低的型砂，并减少手工造型和清砂作业。清砂是铸造生产中粉尘浓度最高的岗位，应予以重点防护，如安装大功率的通风除尘系统、实行喷雾湿式作业等，以降低工作场所空气中的粉尘浓度。做好个人防护，佩戴符合国家相关标准要求的防尘口罩。

（3）防毒及应急

对热处理和金属熔炼过程中可能产生化学毒物的设备，应采取密闭措施或安装局部通风排毒装置。对产生高浓度一氧化碳、氰化氢、甲醛等气体的工作场所，如某些特殊的淬火、涂装和使用胶黏剂岗位，应制定急性职业中毒事故应急救援预案，设置警示标识，配备防毒面具或防毒口罩等。

（4）噪声控制

噪声是机械制造企业中重要的职业病危害之一。噪声控制主要包括对铸造、锻造中的气锤、空气压缩机,以及机械加工的打磨、抛光、冲压、剪板、切割等高强度噪声设备的治理。对高强度噪声源可集中布置,并设置隔声屏蔽。对空气动力性噪声源,应在进气口或排气口进行消声处理。对集控室和岗位操作室,应采取隔声和吸声措施。进入噪声强度超过 85 dB 的工作场所,应佩戴防噪声耳塞或耳罩。

（5）振动控制

振动是机械制造企业中较为常见的职业病危害因素。对铆接、锻压、型砂捣固、落砂、清砂等存在振动危害的设备,应采取减振措施或实行轮岗操作。

（6）射频防护

应选择合适的屏蔽防护材料,对产生高频、微波等射频辐射的设备进行屏蔽,或者进行距离防护和时间控制。

（7）防暑降温

应做好铸造、锻造、热处理等高温作业人员的防暑降温工作。宜采取工程技术、卫生保健和劳动组织管理等多方面的综合措施,如合理布置热源、供应清凉含盐饮料、轮换作业、在集控室和操作室安装空调等。

45. 机械伤害应急救护

（1）机械伤害应急救治

机械伤害事故发生后,要立即停止现场活动,将伤员放置于平坦的地方。现场有救护经验的人员不要害怕和慌乱,要保持冷静,立即对伤员的伤势进行检查，然后有针对性地进行紧急救护。急救检查应先看神志、呼吸，接着摸脉搏、听心跳，再查瞳孔，有条件者测血压。检查局部有无创伤、出血、骨折、畸形等，根据伤员的情况，有针对性地采取心肺复苏、止血、包扎、固定等临时应急措施。

在进行上述现场处理后，应根据伤员的伤情和现场条件迅速转送伤员。

（2）现场创伤止血的应急救护

可用现场物品（如毛巾、纱布、工作服等）立即采取止血措施。如果创伤部位有异物，不要随便将异物拔掉，以免伤及内脏及较大血管，造成大出血。

（3）现场骨折的应急救护

对骨折处理的基本原则是尽量不让骨折肢体活动。因此，要利用一切可利用的条件，及时、正确地对骨折做好临时固定。

在抢救伤员时，不论哪种情况，都应减少途中的颠簸，不得随意翻动伤员。

46. 起重伤害应急救护

（1）起重伤害主要形式

1）吊重、吊具等重物从空中坠落造成人身伤亡和设备毁坏。

2）作业人员被挤压在两个物体之间，造成挤伤、压伤、击伤等人身伤害。

3）从事起重机检修、维护的作业人员不慎从机体摔下或被正在运转的起重机机体撞击摔落至地面。

4）起重机械操作人员或检修、维护人员触电造成电击伤。

5）起重机机体因失去整体稳定性而发生倾翻，造成起重机机体严重损坏以及人员伤亡。

（2）起重伤害应急救治

1）发现有人受伤后，必须立即停止起重作业，向周围人员呼救，同时拨打"120"急救电话。报警时，应说明伤员的受伤部位和受伤情况、发生事故的区域或场所，以便救护人员事先做好急救准备。

2）组织进行急救的同时，应立即进行事故报告，启动应急预案和现场处置方案，最大限度地减少人员伤害和财产损失。

3）现场救护人员采取现场包扎、止血等措施，防止伤员流血过多造成死亡。对创伤出血者，迅速包扎止血，再送往医院救治。

4）发生断手、断指等严重情况时，对伤员伤口要进行包扎、止血、止痛，进行半握拳状的功能固定。忌将断指浸入乙醇等消毒液中，以防细胞变质。将包好的断手、断指放在无泄漏的塑料袋内，扎紧袋口，在袋周围放好冰块（或用冰棍代替），速随伤员送医院抢救。

5）伤员出现肢体骨折时，应尽量保持受伤的体位，由救护人员对伤肢进行固定，并在其指导下采用正确的方式转运人员，防止救助方法不当导致伤情进一步加重。

6）伤员出现呼吸、心搏停止症状后，必须立即进行心肺复苏。

7）在做好事故紧急救助的同时，应注意保护事故现场，对相关信息和证据进行收集和整理，配合上级和当地人民政府有关部门做好事故调查工作。

第6章 机械制造意外伤害与应急处置